AF318715

L'ACTION
DU FEU CENTRAL
DÉMONTRÉE NULLE
A LA SURFACE DU GLOBE.

L'ACTION
DU FEU CENTRAL
DÉMONTRÉE NULLE
A LA SURFACE DU GLOBE,

Contre les Aſſertions de MM. le Comte DE BUFFON, BAILLY, DE MAIRAN, &c.

Par M. DE ROMÉ DE L'ISLE, des Académies Royales des Sciences de Berlin & de Stockholm, de celles des Curieux de la Nature & des Sciences utiles de Mayence, Honoraire de la Société d'Emulation de Liège.

SECONDE ÉDITION,
Augmentée de nouvelles Preuves & de pluſieurs Eclairciſſemens.

A STOCKHOLM,

Et ſe vend

A PARIS,

Chez P. FR. DIDOT le jeune, Libraire-Imprimeur, quai des Auguſtins.

M, DCC. LXXXI.

Les gens senfés fentiront toujours que la feule & vraie fcience
eft la connoiffance des faits; l'efprit ne peut pas y fuppléer; & les
faits font dans les Sciences, ce qu'eft l'expérience dans la vie
civile. *BUFFON, Hift. Nat. Vol. I, pag. 28.*

A V I S

SUR

CETTE SECONDE ÉDITION.

MALGRÉ la rapidité avec laquelle s'eſt écoulée la première édition de ce petit Ouvrage, je n'aurois peut-être jamais ſongé à en donner une ſeconde, ſans quelques objeƈtions qui m'ont été faites, & qui m'ont paru mériter de ma part, non une réponſe direƈte, mais un ou deux éclairciſſemens propres à lever les doutes qu'auroient pu laiſſer, dans l'eſprit de mes Leƈteurs, quelques propoſitions trop vaguement exprimées ſur la cauſe de la chaleur & ſur ſa marche en certaines circonſtances (1).

Une foule d'expériences & d'obſervations nouvelles, puiſées dans les ouvrages

____

(1) Voyez les pages 7, 22, 59 & 63 de cette nouvelle édition.

des Phyſiciens les plus diſtingués de ce ſiècle, forment ici, par leur réunion, un torrent de lumière auquel je ne crois pas qu'il ſoit déſormais poſſible de réſiſter.

Je n'ignorois pas, lorſque je publiai la première édition de cet ouvrage, que j'avois contre moi l'autorité impoſante & reſpeƈtable de pluſieurs Noms célèbres : me défiant donc, moins de la bonté de ma cauſe, que de mes propres forces, & ſachant bien que mon nom ne pouvoit rien ajouter à la ſolidité des mes raiſons, j'avois pris le parti de garder l'anonyme. Mais, puiſqu'un de de nos Journaliſtes (1), & un critique ano-

______

(1) *Annonces & Affiches de Province*, *feuille du 2 février 1780.* Je ſuis d'autant plus ſenſible à l'idée avantageuſe que l'Auteur de ce Journal a bien voulu donner de ma brochure, qu'alors je n'avois pas l'honneur d'être connu de lui perſonnellement, & que d'autres Journaliſtes de cette Capitale ont, je ne ſais par quels motifs, refuſé d'annoncer cet ouvrage, & fort accueilli la critique qu'on en a faite. Quoi qu'il en ſoit, l'Auteur des Affiches de Province m'a fait une objeƈtion à laquelle il eſt juſte que je réponde. Il penſe que je n'aurois pas dû proſcrire abſolument l'aƈtion du Feu central à la ſurface du globe, vu que *cette aƈtion combinée avec celle du ſoleil, eſt la ſource*

nyme lui-même (2), n'ont pas cru devoir s'en tenir à la même réferve, je me nomme aujourd'hui & avec d'autant plus de confiance, que je puis m'étayer des noms de MM. PALLAS, DE SAUSSURE, DE LUC, PICTET, SÉNEBIER, WALLÉRIUS, IRVING, MESSIER, DE MARIVETZ, &c. &c. dont les expériences ou les obfervations concourent à démontrer l'énergie très-bornée de la chaleur fouterraine, à laquelle, fous le nom de FEU CENTRAL, quelques Phyficiens du premier mérite avoient rapporté nombre de phénomènes qui en font totalement indépendans.

---

fèconde des productions de la terre. Pour le prouver, il m'objecte une différence dans la température des caves de l'Obfervatoire, remarquée par M. Jeaurat au mois de mars 1773. Mais M. l'Abbé de Fontenai a dû voir par les expériences de M. Meffier, inférées dans le volume des Mémoires de l'Académie pour l'année 1776, ce qu'il falloit penfer de cette obfervation de M. Jeaurat. Je les ai rapportées ci-après note (A) des additions aux preuves de fait. On peut auffi confulter la note (O), relativement aux expériences faites par M. d'Arcet dans les Pyrénées.

(2) Lettre à Madame la Baronne de ***, fur la chaleur du globe, par M. L. S ***. Paris, Didot jeune, 1780, in-8°.

Sans entrer dans la difcuffion des conféquences ultérieures que MM. de Buffon
& Bailly ont prétendu tirer de l'hypothèfe du feu central , relativement à la
théorie de la terre ou à fa population ,
j'examine ici les faits qui fervent de bafe
à cette hypothèfe ; & comme ces faits ont
été très-nettement & très-élégamment expofés par M. Bailly dans fes *Lettres à M.
de Voltaire , fur l'origine des Sciences & Arts
& fur l'Atlantide* ; je fuis pas à pas ce favant
Aftronome dans l'expofition de ces faits ;
& je crois être parvenu à démontrer qu'il
n'en eft aucun qui puiffe faire admettre
comme une vérité primitive & fondamen-
tale, un paradoxe auffi étrange que celui ci :
» *La chaleur qui s'échappe de l'intérieur de*
» *la terre eft, dans notre climat , au moins*
» *vingt-neuf fois en été & quatre cents fois*
» *en hiver, plus grande que la chaleur qui*
» *nous vient du foleil.* » Buff. Introd. à
l'Hift. des Minéraux , *part. I , pag.* 33 de
*l'in-*4°.

J'examine dans le §. X , ce qui a pu con-
duire M. de Mairan , & les Phyficiens qui

l'ont fuivi, à une conclufion fi contraire aux notions communes; & je trouve que la première caufe d'une telle méprife vient de ce que, dans l'évaluation de la maffe de chaleur produite à la furface du globe par la préfence du foleil, on n'a point eu égard à l'ÉVAPORATION & aux autres météores qui modifient fans ceffe cette chaleur, foit en plus, foit en moins; & qu'ainfi l'on a fuppofé, contre l'expérience, que la chaleur de l'été, de même que celle de l'hiver, étoit toujours proportionnelle à l'action plus ou moins directe & plus ou moins prolongée du foleil fur nos climats, tandis que dans le fait, cette chaleur eft continuellement tempérée ou augmentée par les météores, & par l'état plus ou moins aqueux, plus ou moins ombragé du fol même où les rayons folaires exercent leur action.

La feconde caufe de l'erreur de M. DE MAIRAN, vient de ce que cet Académicien a regardé comme une chaleur effective & réelle pour nos fens, les 1000 degrés de

chaleur au-deſſous du point de la congélation, qu'il fait entrer dans ſon calcul ;
tandis que ces 1000 degrés de chaleur
ne nous peuvent être ſenſibles que comme
degrés de froid, & ne ſont en effet qu'une
diminution progreſſive de mouvement :
diminution qui ne peut arriver juſqu'au
froid abſolu qui n'exiſte pas dans la Nature,
& dont par conſéquent le terme ne peut
être aſſigné, ni entrer comme élément dans
aucun calcul relatif à la chaleur actuelle
du globe.

Je paſſe enſuite aux preuves de fait, qui
établiſſent :

1°. Que la chaleur intérieure & particulière du globe, à quelque profondeur
qu'on parvienne, n'excède jamais le degré
de la température des caves de l'Obſer-
vatoire.

2°. Que l'action de cette chaleur eſt
nulle à la ſurface ; & conſéquemment, que
celle que nous y éprouvons ne peut pro-
venir d'ailleurs que de l'action du ſoleil ſur

notre atmosphère & tous les corps sublu-
naires.

3°. Que la différence effective de 32
degrés que l'observation nous donne entre
la plus grande chaleur de l'été & le plus
grand froid de l'hiver, est très-réelle pour
nos sens, mais bien inférieure à celle qu'on
devroit éprouver, si la masse de chaleur
produite par la présence successive du soleil
sur différens points du globe, n'étoit continuellement amortie & tempérée par
l'ÉVAPORATION qui l'accompagne.

4°. Que toute chaleur qui, dans l'intérieur du globe, excède le terme de 10 degrés au-dessus de zéro, est le produit des
agens chimiques, ou de la fermentation &
de l'inflammation des couches pyriteuses
& bitumineuses, par le concours de l'air
& de l'eau qui s'y sont introduits de la
surface.

5°. Que, sans le concours de ces agens
extérieurs, les masses pyriteuses ne pourroient point entrer en décomposition, &

conferveroient le degré de température
propre au globe, de même que tout ce qui
fe rencontre fous terre hors de la portée
des rayons folaires.

Enfin, je conclus que c'eft avec raifon
que les hommes s'accordent à regarder le
foleil comme la fource de la chaleur & de
la vie fur la fuperficie du globe qu'ils habi-
tent; & je finis par quelques idées géné-
rales fur la lumière, la chaleur & le feu.

L'ACTION

L'ACTION
DU FEU CENTRAL
DÉMONTRÉE NULLE
A LA SURFACE DU GLOBE.

Rien n'eſt plus nuiſible à la Phyſique & aux progrès des connoiſſances humaines en général, que de donner pour des Vérités de Fait (1), de pures hypothèſes, ſoutenues d'un appareil de

___

(1) Parmi les cinq Faits allégués comme fondamentaux par M. de Buffon, dans ſes *Epoques de la Nature*, le troiſième eſt celui-ci :

« La chaleur que le ſoleil envoie à la terre, eſt aſſez
» petite, en comparaiſon de la chaleur propre du globe terreſtre ;
» & cette chaleur, envoyée par le ſoleil, ne ſeroit pas

A

calculs & de démonstrations géométriques, tandis qu'on passe sous silence ou qu'on déguise les faits qui détruisent ces hypothèses.

Le mal est bien plus grand encore, quand de pareilles suppositions nous sont données avec le ton de la plus ferme confiance, par des hommes vraiment éloquens, par des esprits sublimes, & dont les talens supérieurs ont enlevé le suffrage & l'admiration de leurs contemporains; c'est alors qu'avec tout le respect qu'on doit à ces grands hommes, il faut s'opposer au torrent de l'opinion, soutenir les droits imprescriptibles de la Vérité, & mettre sous les yeux du Public les faits sans lesquels les plus brillantes hypothèses ne peuvent se maintenir.

Telle est, entr'autres, l'hypothèse du FEU CENTRAL, avancée par le Père Kircher (1), Whiston,

---

» *seule suffisante pour maintenir la nature vivante.* » Page 6, édit. in-4°.

Il ajoute à la *page* 11 : » Mais il est inutile de vouloir » accumuler ici de nouvelles preuves d'un FAIT constaté •• par les expériences & par les observations : il nous suffit, » *qu'on ne puisse désormais le révoquer en doute,* & qu'on » reconnoisse cette chaleur intérieure de la terre, comme » un FAIT RÉEL ET GÉNÉRAL , duquel, comme des au-» tres faits généraux de la nature, on doit déduire les » faits particuliers. »

(1) On trouve l'idée du FEU CENTRAL dans le *Mundus subterraneus* du Père Kircher. Ce Jésuite a même fait graver

& nombre de phyſiciens du ſiècle dernier, rejetée par d'autres (1), remiſe en vigueur par M. de Mairan, préſentée avec un nouveau luſtre par M. le Comte de Buffon ; enfin adoptée & dévelopée par M. Bailly, dans ſes Lettres à M. de Voltaire, ſur l'Atlantide, &c.

Je n'examinerai point ici les diverſes conſéquences qu'on a tirées de cette hypothèſe, telles que le refroidiſſement progreſſif du globe, par la diminution ſuppoſée continuelle de ſa chaleur

---

une planche (p. 175 , édit. de 1668), où ſon hypothèſe eſt repréſentée d'une maniere que le P. de Feller trouve *naturelle* & pittoreſque ; mais en effet contre nature , puiſqu'on ne voit point d'où ce feu central hypothétique tire ſon aliment, & que d'ailleurs il eſt faux que la chaleur aille en augmentant vers le centre de la terre, comme cela devroit être ſi ce feu central exiſtoit.

(1) *Voyez* (dans l'ouvrage qui a pour titre : *Eſſai ſur cette queſtion : Quand & comment l'Amérique a-t-elle été peuplée d'hommes & d'animaux*, par M. E. (Engel) B. d'E. *Amſt. 1767, tome 1, pag. 118 & ſuiv.*) la réfutation du feu central de la terre, admis par Whiſton, qui ſuppoſoit que notre globe avoit commencé par être une comète inhabitable : « Comète qui, diſoit-il, outre ſon atmoſphère » fluide & rare, conſiſte dans un corps central étendu, » compacte & ſolide, & qui s'approche quelquefois ſi près » du ſoleil, que la chaleur immenſe qu'elle en acquiert, » quoiqu'elle ceſſe plus tôt dans ſon atmoſphère plus rare, » ne peut ſe perdre dans le corps central, qu'après pluſieurs » milliers d'années. »

A ij

interne ; le commencement de la population
dans les climats aujourd'hui glacés , mais autrefois brûlans, puis tempérés , du Spitzberg &
du Groënland, &c. &c. Quand ces faits feroient
auffi certains, auffi démontrés qu'ils le font peu (1),
ils ne prouveroient rien pour l'exiftence du feu
central, parce qu'ils pourroient être l'effet d'autres
caufes qui n'auroient rien de commun avec l'e-
xiftence réelle ou fuppofée de ce feu.

C'eft donc en vain que M. Bailly s'écrie dans
une de fes Lettres à M. de Voltaire : « J'ofe vous
» preffer, Monfieur, de *croire au refroidiffement*
» *de la terre*, comme vous avez cru à l'attraction
» de Newton. Vous êtes en France un apôtre de
» cette grande vérité, je vous en offre *une autre*
» *qui mérite le même hommage ;* en défendant la
» feconde comme la première, vous acquerrez la
» même gloire. Je vous ai développé, dans ma
» dixième Lettre, *toutes les raifons phyfiques*, qui
» appuient l'hypothèfe ingénieufe de M. de Buffon.
» La terre a une chaleur intérieure *qui s'évapore* ,

------

(1) M. l'Abbé Baudeau a inféré dans le Journal de
Paris de l'année derniere une fuite de Lettres , qui démontrent fans réplique que l'Atlantide de Platon étoit à
l'oueft de l'Afrique & du Détroit de Gibraltar , & que ce
n'eft qu'en interprétant peu fidèlement les paffages des
anciens Hiftoriens , que M. Bailly a pu placer cette île au
nord de l'Afie.

» *qui fe diffipe* : la terre âgée la perd avec le
» temps, comme en vieilliffant nous perdons celle
» qui nous anime..... L'eau des pôles, fluide
» jadis, s'eft congelée comme le métal, *lorfque la*
» *grande fournaife du fein de la terre a perdu fon*
» *activité.* » Lett. fur l'Atlantide, p. 440.

Or, voyons quelles font les preuves phyfiques
dont M. Bailly s'eft fervi pour établir *cette grande*
vérité, qui mérite, fuivant lui, *le même hommage*
que l'attraction Newtonienne. Suivons-le pas à pas
dans cette carrière ; car, puifqu'il dit avoit *déve-*
loppé toutes les raifons qui peuvent appuyer l'hypothèfe du feu central, nous ne pouvons mieux
faire que de les examiner en détail, pour favoir
enfin le degré de confiance ou de *crédibilité* (1)
qu'elles méritent.

§. I. « J'aurai donc le plaifir, dit-il, (dans fa
» neuvième Lettre à M. de Voltaire) de vous dé-
» velopper ce beau fyftême (du feu central), ou
» plutôt *cette grande vérité.* Elle eft la bafe de l'hy-

____

(1) Je fais que ce terme eft confacré à la théologie ; mais
puifque M. Bailly nous *exhorte à croire* fon hypothèfe, j'ai
cru pouvoir l'employer ici. En phyfique, il n'eft qu'un
feul *motif de crédibilité* ; c'eft la démonftration. Quand
l'Auteur aura donné des preuves bien folides de l'énergie
du feu central, on y croira tout auffi facilement que l'on
croit à la rotation des planètes.

» pothèſe du refroidiſſement de la terre (1) . . . . . .
» C'eſt dans la maſſe même de la terre que réſide
» le feu central de M. de Mairan . . . . . . *C'eſt une*
» *ſource de chaleur bienfaiſante, qui anime la vé-*
» *gétation, qui entretient la vie ſur le globe : ſans*
» *elle, nous n'exiſterions pas.* » Page 270.

RÉPONSE. Il y a ſans doute à la ſurface du
globe une chaleur bienfaiſante, qui entretient la
vie & le mouvement de tous les êtres qui l'ha-
bitent. C'eſt une vérité ſi palpable, qu'il ſuffit de
l'énoncer pour la faire admettre : mais quelle eſt
la ſource de cette chaleur? Avant de le demander,
il faut convenir d'un autre fait qui n'eſt pas moins
inconteſtable : c'eſt qu'il n'y a point de chaleur ſans
mouvement qui l'occaſionne, ni de mouvement

------

(1) « La chaleur intérieure du globe, encore actuelle-
» ment ſubſiſtante, & *beaucoup plus grande que celle qui*
» *nous vient du ſoleil,* nous démontre que cet ancien feu
» qu'a éprouvé le globe, n'eſt pas encore, à beaucoup
» près, entièrement diſſipé : la *ſurface de la terre eſt plus*
» *refroidie que ſon intérieur. BUFF. Epoq. de la Nat. édit.*
» *in-4°. page 8.* » L'Auteur de la Critique des Epoques de
la Nature, inſérée dans le Journal de Luxembourg, *février*
1780, p. 196 ; nie le refroidiſſement progreſſif du globe,
& conclud que le refroidiſſement ſucceſſif n'exiſtant point,
la terre ne peut être ſortie du ſoleil. Voyez l'Examen im-
partial des Epoques de la Nature de M. le Comte de
Buffon, par l'Abbé F. X. D. F. *Luxembourg 1780, petit*
in-8°. de 270 pages.

qui ne foit accompagné d'un certain degré de chaleur. La chaleur eft donc produite par le mouvement (1), qui à fon tour dérive des loix de la
gravitation univerfelle, établies par le Créateur.

Il réfulte de ces principes que perfonne ne peut
contefter (2), que, par-tout où il exifte du mou-

----

(1) « Le principe de toute chaleur, dit très-bien M. de
» Buffon, paroît être l'attrition des corps: tout frottement,
» c'eft-à-dire, tout mouvement en fens contraire entre des
» matières folides, produira de la chaleur. » *Introd. à l'Hift.
des Min. première Partie, pag. 22 édit. in-4°.* « Tout mouve-
» ment, toute action, dit encore M. de Buffon, produit de
» la chaleur. » *Epoq. de la Nat. p. 243, édit. in-4°.* « Le cam-
» phre, le naphte, les huiles effentielles, l'efprit-de-vin,
» le phofphore, &c. quoique très-imprégnés de fluide
» igné, font toujours à la température du milieu qui les
» environne; *c'eft donc le mouvement de ce fluide, non fa
» préfence, qui produit la chaleur & le feu.* » Découvertes de
M. Marat fur le feu, &c. Paris, Clouzier, 1779, in-8°,
pag. 3.

(2) C'eft en mettant en action le fluide igné, qui n'eft
point chaud par lui-même, que le mouvement produit la
chaleur. On m'a objecté que *le mouvement n'étant point une
fubftance, mais un mode de la fubftance, ne pouvoit être cenfé
le principe de quelque chofe.* A cela je réponds que par mouvement, j'entends le corps en mouvement, puifque le
mouvement fuppofe néceffairement des corps qui le reçoivent & qui le communiquent. Mais, pourfuit-on, *il eft des
circonftances où le mouvement produit du froid, loin de produire aucune chaleur.* Je dis que tout mouvement produit
de la chaleur ; mais que cette chaleur eft pofitive ou néga-

vement, il doit y avoir de la chaleur, & qu'aucun
corps actuellement en mouvement ne peut être dit
exister sans chaleur. Je ne prétends donc pas nier
dans l'intérieur du globe l'existence d'une certaine quantité de chaleur, occasionnée par la gravitation de chacune des parties qui le composent
vers un centre commun, ainsi que par sa rotation
sur lui-même & autour du soleil (1); mais je
dis, & j'espère le prouver, que cette chaleur propre au globe, loin d'être aussi considérable que le
soutiennent les apôtres du feu central, & de pou-

---

tive. *Positive*, si le corps en mouvement porte ou met en
expansion le fluide igné dans le corps qu'il frappe; *néga-
tive*, si le corps en mouvement s'empare de la chaleur du
corps avec lequel il est en contact. Alors celui-ci se ré-
froidit de la quantité dont l'autre s'échauffe; & c'est la
raison pour laquelle le mouvement refroidit quelquefois.

(1) « Aucun Physicien ne refusera de réconnoître
» comme *cause suffisante de la chaleur actuelle du globe, le
» mouvement de rotation, & sur-tout cette action & cette réac-
» tion continuelles entre toutes les parties de la matière, de-
» puis qu'elles changent à chaque instant de position respec-
» tive*; car je conviens que *sans mouvement général*, cette
» action réciproque seroit au contraire la cause d'un repos
» & d'un froid absolu. Mais tout Physicien n'accordera pas
» volontiers à un globe de fonte ou de verre refroidi la
» faculté de s'organiser, &c. » pag. 24 *d'une Lettre à M. le
Comte de Buffon, ou Critique & Nouvel Essai sur la Théorie
générale de la terre. Besançon (& à Paris, chez Esprit,
Libraire au Palais Royal*) 1780, pet. in-8°. de 190 pages.

voir par-là même contribuer à vivifier fa furface, ne
paffe jamais le terme de la température des caves,
que l'on fait être de dix degrés au deffus du point
de la congélation (1). J'ajoute que toute chaleur
qui excède ce terme, foit dans l'intérieur de la
terre, foit à fa furface, eft le produit des caufes
locales mifes en jeu, tant par l'action directe des
rayons folaires fur notre globe, que par l'action
combinée de l'air & de l'eau fur les matières pyriteufes qu'il renferme, même en fuppofant que
cette eau ne foit rendue fluide que par le degré de
chaleur ou de température propre au globe.

La chaleur fuperficielle & fecondaire du globe
peut être modifiée, foit en plus, foit en moins,
par différentes caufes particulières que nous exa-
minerons bientôt ; au lieu que la chaleur propre,
primitive & effentielle de ce même globe, ne
peut ni augmenter ni diminuer, s'affoiblir ou fe
perdre, tant que la terre confervera fon mouve-

---

(1) M. Meffier, Aftronome de la Marine, vient de
prouver dans un excellent Mémoire inféré parmi ceux de
l'Académie royale des Sciences, ann. 1776, que la température des caves de l'Obfervatoire, *eft toujours la même
& conftante, à dix degrés au-deffus de la congélation.* Quant
à la petite différence qu'on croit y avoir apperçue depuis
quarante ans, il l'attribue à ce que la boule du thermomètre n'étant pas fixée d'une manière affez immobile, elle
a pu defcendre, & offrir une différence d'un douzième,
qui a induit en erreur quelques Phyficiens (A).

ment actuel, & la place qu'elle occupe dans le
système général des êtres.

Après cet éclaircissement nécessaire pour prévenir les objections de ceux qui auroient pu croire
qu'en niant les prétendus effets du feu central,
on nie en même temps (ce qu'on est bien éloigné
de faire) l'existence de toute chaleur intérieure
propre au globe (1), & indépendante de celle
occasionnée à sa surface par l'action directe des
rayons solaires, commençons l'examen des preuves de M. Bailly.

§. II. « Si la chaleur du soleil faisoit seule nos
» étés, dit-il, lorsque cet astre abandonne certains
» climats, lorsqu'il s'abaisse sur notre horizon, &
» n'envoie plus que des rayons languissans, la *glace*
» *anéantiroit tout.* » (*Lettres sur l'Origine des Sc.*
page 270).

RÉPONSE. La chaleur du soleil fait seule nos
étés ; & si nous avons des hivers, c'est que le soleil
n'agit pas sur la terre, en raison seulement de sa

---

(1) C'est néanmoins ce qu'on m'a reproché dans une brochure qui a pour titre : *Lettre à Madame la Baronne de* ***,
*sur la chaleur du globe, démontrée par MM. de Mairan & le
Comte de Buffon, soutenue par M. Bailly, & encore existante
malgré les assertions de M. D. R. D. L.* Je ne nie point
cette chaleur intérieure ; mais je nie qu'elle produise à la
surface du globe les phénomènes qu'on lui attribue, en
dépouillant le soleil de son énergie.

plus ou moins grande proximité, mais encore en raifon de la direction plus ou moins perpendiculaire de fes rayons. Plus ces rayons nous frappent obliquement, moins ils ont de force; & *vice versâ*. M. Bailly qui fait fes délices de l'aftronomie, & qui vient d'en rendre l'hiftoire fi intéreffante (1), le fait mieux que moi, & n'exige pas fans doute que je m'arrête pour le lui prouver.

Au refte, pour que la glace n'anéantiffe pas tout dans nos climats, lorfque le foleil les abandonne, il n'eft pas befoin d'avoir recours au feu central. Nous ferions fort à plaindre, fi nous n'avions que lui pour réchauffer notre atmofphère, & le fol glacé de nos campagnes. La Nature, cette bonne mère, a bien d'autres moyens pour voler à notre fecours. Elle appaife les vents du *nord;* des vents d'*oueft* ou de *fud-oueft*, nous ramènent des pluies douces ou plus tempérées; des vents de *fud* ou de *fud-eft*, nous voiturent les chaleurs de la zône torride; & bientôt, fans le fecours du feu central, nous reffentons au cœur de l'hiver les douces influences de l'été.

§. III. « Voilà, continue M. Bailly, en s'a- » dreffant à l'illuftre poëte dont nous pleurons la

---

(1) *Voyez* l'Hiftoire de l'Aftronomie ancienne & moderne, par M. Bailly, de l'Académie royale des Sciences. *Paris, De Bure, 1775, 3 vol. in-4°.*

» perte, voilà, Monſieur, ce que je me propoſe
» de vous prouver. Il ſemble qu'il y ait une grande
» différence entre la chaleur & le froid que nous
» éprouvons ſur la terre, mais *nos ſens nous trom-*
» *pent.* La chaleur de l'été eſt à celle de l'hiver,
» comme 7 à 6. Pluſieurs cauſes concourent à ren-
» dre la chaleur plus grande en été qu'en hiver.
» 1°. L'élévation du ſoleil fait que ſes rayons tom-
» bent en plus grande quantité ſur un eſpace donné;
» & la chaleur, toutes choſes égales d'ailleurs, eſt
» proportionnelle à la quantité des rayons. 2°.
» Cette élévation produit les longs jours, où la
» préſence du ſoleil échauffe plus la terre, que ſon
» abſence ne la refroidit. 3°. Il réſulte encore de
» la hauteur du ſoleil, que ſes rayons ont moins de
» chemin à faire dans l'atmoſphère pour parvenir
» juſqu'à nous ; ils ſont *moins émouſſés, moins af-*
» *foiblis par le choc ou la réſiſtance des parties*
» *groſſières de notre atmoſphère.* » Ibid. p. 274.

RÉPONSE. Tout le monde eſt ſans doute porté
à croire que la ſomme de chaleur qui nous vient
du ſoleil en été, ſurpaſſe de beaucoup celle que
nous recevons de cet aſtre en hiver ; & on per-
ſuadera difficilement à un malheureux, qui meurt
de froid dans ſon grenier, que *ſes ſens le trompent,*
& qu'il n'éprouve alors qu'un ſeptième de chaleur
de moins qu'à la canicule (1). On aura beau lui

______

(1) « Nous autres qui penſons que le ſoleil, par ſa cha-

mettre fous les yeux les calculs de M. de Mairan ou de M. Bailly, on ne le ramènera point. Eſt-il donc bien vrai que tout le monde ſe trompe, & que les calculs ſeuls aient raiſon? N'y auroit-il point ici quelque mépriſe, quelque erreur dans les données? ou ſi la petite différence que les calculs nous montrent entre la chaleur de l'été & celle de l'hiver eſt réelle & bien fondée, eſt-ce au feu central qu'il faut l'attribuer? C'eſt ce que nous allons bientôt examiner.

Mais d'abord il paroît que M. Bailly ſuppoſe

» leur douce, variée, intermittente, a été de tout temps » le père de toutes les productions animales & végétales » ſorties du ſein de la terre, nous ne pouvons expliquer » leur diſparition & leur abâtardiſſement que par l'âge & » par l'altération de ces deux agens. . . . Mais vous direz » tant qu'il vous plaira, qu'aujourd'hui encore la chaleur » du ſoleil n'eſt rien en comparaiſon de celle de la terre, » toute épuiſée qu'elle vous ſemble, & qu'il n'y a qu'un » trente-deuxième de différence entre le plus grand chaud » de nos étés & le plus grand froid de nos hivers, par con » ſéquent entre la plus grande & la moindre puiſſance du » ſoleil: aux yeux du vulgaire & du ſens commun, qui » ne ſe piquera jamais de connoître ni le premier, ni le » dernier degré poſſible de la chaleur, ni les pas de l'échelle » que vous en donnez ici, cette différence paroîtra être du » tout au tout. » *Page 151 de la Lettre à M. le Comte de Buffon, ou Critique & nouvel Eſſai ſur la Théorie générale de la terre. Depuis ſix mois, l'Auteur n'a pu parvenir à faire annoncer ſon ouvrage par les Journaliſtes de cette Capitale.*

que la chaleur (produite fuivant nous par l'action
des rayons folaires fur les parties denfes de notre
atmofphère · & de la furface du globe), nous
vient en droiture du foleil, puifqu'il dit : Que
lorfque *ces rayons ont moins de chemin à faire
dans l'atmofphère pour parvenir jufqu'à nous, ils
font moins émouffés, moins affoiblis par le choc
ou la réfiftance des parties groffières de notre atmofphère*, tandis que c'eft au contraire ce choc,
cette réfiftance (§. I.) des parties groffières de
notre atmofphère contre les rayons folaires ou le
fluide de la lumière, qui eft le principe de la chaleur (1). Or, ce choc a d'autant plus de force,
plus d'énergie, que la maffe des rayons folaires
eft plus confidérable, que fon action eft de plus
de durée, qu'elle eft enfin plus verticale & moins
interceptée ; toutes circonftances qui fe rencontrent feulement en été dans nos zônes tempérées,
mais perpétuellement dans la torride.

---

(1) M. Marat vient de démontrer, par des expériences
nouvelles & très-ingénieufes faites au microfcope folaire,
que le fluide igné, ce principe de toute chaleur, fans être
chaud lui-même, n'exiftoit point dans les rayons folaires.
» Les rayons folaires, dit-il, ne font autre chofe que la
» matière de la lumière même pouffée en droite ligne par
» l'action du foleil ; & s'ils produifent de la chaleur, *ce*
» *n'eft qu'autant qu'ils excitent dans les corps le mouvement*
» *du fluide igné contenu.* » Voyez le Mémoire intitulé : *Découvertes de M. Marat fur le feu*, &c. Paris, Cloufier, 1779,
in-8°. pag. 12.

La foibleffe des rayons folaires fur les hautes montagnes (1), où l'air eft moins denfe, moins chargé de parties groffières, moins propre à ré-fifter au choc des rayons lumineux, eft une des raifons qui a fait recourir à l'énergie chimérique du feu central. On s'eft imaginé que ces fommités du globe étant plus éloignées du centre de la terre, devoient en conféquence éprouver moins l'influence du feu central que les plaines (2); & la chaleur plus confidérable de ces dernières a été moins rap-

---

· (1) M. de Luc, en parlant de la température des hautes montagnes, dit : « Cette fraîcheur eft certainement due »à la différence de denfité dans l'atmofphère, & non à » celle de la diftance d'une chaleur interne de la terre; car » qu'eft-ce que cette diftance de plus ? Ce n'eft pas non »plus à un refroidiffement plus grand du fol, comme » ifolé, ni à une moindre réflexion des rayons du foleil : »quiconque aura été dans ces montagnes, ne fera pas de » tels fyftêmes. » *Lettres fur l'Hift. de la Terre, tom. V, pag. 430, & ibid. pag. 530 & fuiv.* C'eft un morceau qui mérite d'être lu dans l'ouvrage même où l'on trouve une excellente réfutation du fyftême cofmologique de M. le Comte de Buffon, relativement fur-tout au prétendu feu central.

(2) M. de Mairan, dans le chapitre qui a pour titre : *Circonftances extérieures & locales, qui fe compliquent avec l'émanation & avec la fuppreffion des vapeurs du feu central*, s'exprime ainfi :

« Ces circonftances, comme autant de nouvelles caufes » du froid & de la gelée, fe manifeftent principalement fur

portée à l'action directe du soleil, regardée mal-à-
propos comme très-médiocre, qu'à l'énergie sup-
posée de la chaleur centrale du globe, ainsi que
nous le verrons dans les paragraphes suivans.

§. IV. « Une légère cause, continue M. Bailly,

» les hautes montagnes, c'est-à-dire, dans les pays où la
» surface de la terre n'est qu'un assemblage & un tissu de
» rochers élevés. Car on conçoit aisément que cette croûte
» plus dense, plus épaisse & *plus éloignée du foyer que celle*
» *du terrein d'une plaine, doit intercepter en tout ou en partie*
» *les vapeurs chaudes qui s'élèvent ou tendent à s'élever du*
» *dessous. C'est pourquoi* l'on éprouve toujours sur les hautes
» montagnes, telles, par exemple, que celles de la Cordelière
» en Amérique, un froid insupportable ; l'eau s'y glace au
» milieu de la zone torride, & la neige, dont les plus éle-
» vées ont retenu le nom de *montagnes neigées*, n'y fond
» jamais à une certaine hauteur constante & déterminée (à
» 2440 toises au-dessus du niveau de la mer, suivant
» Bouguer)…. Et quoiqu'il ait été allégué bien des rai-
» sons de ce phénomène, parmi lesquelles il en est que
» j'adopterois volontiers, je ne trouve pas qu'elles y satis-
» fassent pleinement. Je crois qu'il faut recourir de plus,
» *& pour la plus grande partie de l'effet,* à la cause locale
» *compliquée avec le principe du feu central, à ces vapeurs &*
» *à ce fluide qui s'élèvent de l'intérieur du globe ; & qui ne*
» *pouvant pénétrer en assez grande abondance la croûte épaisse*
» *& compacte qui s'oppose à leur sortie, laissent le dessus ex-*
» *posé au froid glacial qui regneroit sur tout le reste de la terre,*
» *si ce principe permanent de chaleur ne l'en garantissoit pas.* »
Dissert. sur la glace, pag. 78 & suiv.

tend

» tend à diminuer ces effets : c'eſt que le ſoleil eſt
» plus loin de nous en été qu'en hiver ; mais cette
» cauſe eſt aſſez petite pour être négligée, & je
» ne ferai même aucun uſage de la troiſième
» cauſe. » *Ibid.*

RÉPONSE. Que M. Bailly néglige, s'il le veut,
dans l'eſtimation de la maſſe de chaleur produite à
la ſurface du globe par l'action de la lumière éma-
née du ſoleil, la petite différence que peut y ap-
porter le plus ou le moins de diſtance de cet aſtre
à la terre : mais, en bonne phyſique, eſt-il le maî-
tre de faire abſtraction de la *troiſième cauſe*, c'eſt-
à-dire, du plus ou du moins de perpendicularité
des rayons ſolaires ſur le globe ? cauſe vraiment
eſſentielle dans la queſtion préſente, & qu'on ne
peut écarter ſans dénaturer les faits, le tout pour
donner plus de vraiſemblance à une hypothèſe
dont nous démontrerons bientôt le peu de ſolidité.

§. V. « Paris reçoit, d'après les calculs de M.
» Halley, trois fois plus de rayons en été qu'en
» hiver. M. Fatio, géomètre Anglois, *penſoit qu'il*
» *falloit avoir égard à la perpendicularité des*
» *rayons*, qui frappent avec d'autant plus de
» force, qu'ils ſont moins inclinés ; d'où il trou-
» voit que la chaleur de l'été, abſtraction faite de
» toute autre cauſe, devoit être à celle de l'hiver,
» comme 9 à 1. Mais *on objecte que les différentes*
» *parties de chaque terrain, étant différemment incli-*

» *nées, reçoivent les rayons sous toutes les incli-*
» *naisons possibles, & qu'il n'y a pas de raison*
» *pour choisir l'une plutôt que l'autre.* » Ibid.
page 276.

RÉPONSE. Il n'y a personne qui ne sente la
foiblesse d'une telle objection contre le raisonne-
ment solide de M. Fatio. En effet, si, comme l'ob-
serve M. de Buffon lui-même, (*Epoq. de la Nat.*
pages 71 & 72.) les montagnes les plus élevées
du globe, étant supposées de 3000 à 3500 toises
de hauteur perpendiculaire, ne font, par rapport
au diamètre de la terre, que ce qu'un huitième
de ligne est par rapport au diamètre d'un globe
de deux pieds (1) : on conçoit combien ces inégalités du terrain qu'on objecte ici, font de peu
d'importance dans l'évaluation dont il s'agit ; &
qu'ainsi la masse du globe pouvant être consi-
dérée, relativement au soleil, comme à peu près
sphérique, ou tout au plus comme un sphéroïde
applati vers les pôles, la perpendicularité des
rayons solaires sur ce globe, loin de pouvoir être
négligée, est au contraire une considération des
plus importantes dans la recherche des causes de la
chaleur excitée par cet astre à la surface du globe,

---

(1) « La terre, relativement à son volume, est sillonnée
» d'inégalités si peu sensibles, qu'elles ne peuvent causer
» aucune différence à la figure du globe. » *Buff. Hist. Nat.*
vol. I, pag. 312.

ainſi que M. Fatio l'avoit très-bien ſenti. Pour-
ſuivons.

§. VI. « M. de Mairan, en calculant l'effet de
» la durée des jours pour augmenter la chaleur,
» ſuivant les loix des cauſes accélératrices, penſe
» avec beaucoup de juſteſſe, qu'il eſt en raiſon
» du quarré du temps que le ſoleil reſte ſur l'ho-
» rizon ; & il en conclut que la chaleur de l'été
» doit être à cet égard quadruple de celle de l'hi-
» ver. *M. Bailly, pour ſimplifier, dit :* Que le
» jour à Paris, au ſolſtice d'été, étant de ſeize
» heures, & n'étant que de huit heures au ſolſtice
» d'hiver, le ſoleil reſte donc ſur l'horizon une
» fois plus de temps dans une ſaiſon que dans
» l'autre ; il doit donc échauffer la terre au moins
» une fois davantage ; &, comme Paris alors reçoit
» trois fois plus de rayons, il s'enſuit que la cha-
» leur doit être au moins ſix fois plus grande. M.
» de Mairan, (*en eſtimant les cauſes que M. Bailly*
» *néglige*), trouve que cette chaleur du plus grand
» jour d'été eſt preſque dix-ſept fois plus grande ;
» &, ſi on admettoit (*comme on auroit dû faire*)
» la conſidération de M. Fatio, on tripleroit en-
» core ce rapport, & la chaleur de l'été ſeroit
» cinquante fois plus grande que celle de l'hiver. »
Ibid. pages 277 & 278.

RÉPONSE. Voilà l'écueil où ont échoué tous
les modernes adorateurs du feu central. Ils n'ont
pu concilier cette maſſe conſidérable de chaleur

fournie par le foleil d'été, avec la petite différence de 7 à 6 (§. III.) qu'ils trouvoient par
d'autres calculs, lorfqu'ils comparoient, d'après
les obfervations non moins fûres du thermomètre,
le plus haut degré de la chaleur d'été avec celui du
plus grand froid de l'hiver. Donnant la préférence
au réfultat que leur fourniffoit le thermomètre,
ils ont confidéré l'autre comme chimérique relativement au foleil, comme une *illufion de nos
fens* (§. III.) ; ils ont fini par mettre fur le compte
du feu central, cette maffe apparente de chaleur
qui, fuivant le thermomètre, ne les abandonnoit
pas même au milieu de la faifon des frimats ; ils
ont en conféquence diminué, le plus qu'ils ont
pu, l'énergie des rayons folaires ; &, trouvant le
rapport de la chaleur fournie par cet aftre en été,
comparée à celle de l'hiver, beaucoup trop fort,
s'ils admettoient celui de 50 à 1, que donne l'en-
femble des caufes produftrices de la chaleur, ils
ont mis de côté les plus puiffantes de ces caufes,
& ont encore été embarraffés du rapport le plus
foible, c'eft-à-dire, de celui de 6 à 1, qu'ils ne
pouvoient fe difpenfer d'admettre. Pour fe tirer
d'embarras, ils ont donc rapporté au feu central les
cinq fixièmes de cette chaleur ; & la force des
rayons folaires a été tellement atténuée, qu'on n'a
pas craint d'avancer que, fans le feu central, la
Nature feroit glacée au mois de juillet dans nos
climats, & toute l'année dans la zône torride.

Il eft cependant un moyen très-fimple de fauver

l'efpèce de contradiction que préfentent ces calculs, & cela, fans recourir au feu central, comme
nous le verrons (§. X.), lorfque j'aurai expofé la
fuite du raifonnement de M. Bailly.

§. VII. « C'eft par les progrès de la dilatation,
» que nous jugeons de ceux de la chaleur ; c'eft
» par les progrès de la condenfation, que nous
» apprécions l'intenfité du froid. Mais la conden
» fation & la dilatation, le froid ou la chaleur, ne
» font qu'une même chofe ; il n'y a de différence
» que dans le degré. La condenfation eft une dimi
» nution de la dilatation ; le froid eft une chaleur
» moins grande : le froid n'exifte pas, ce n'eft
» qu'une privation. La chaleur feule a une réalité
» d'action qui anime la Nature, & *donne le mou*
» *vement à tous les êtres.* » Ibid. page 281.

RÉPONSE. Tout cela eft dans la plus exacte
vérité ; il faut feulement fe rappeler ici le principe
pofé précédemment (§. I.) ; c'eft que, fi la chaleur donne le mouvement à tous les êtres, le
mouvement (qui dérive lui-même de la loi générale de l'attraction) a toujours précédé la chaleur,
ou, fi l'on veut, eft la caufe productrice de toute
chaleur ; & fi cette chaleur produit à fon tour
du mouvement, c'eft qu'il eft de l'effence du
mouvement d'engendrer le mouvement. Auffi,
comme M. Bailly le dit lui-même un peu plus
bas, *le froid abfolu ne feroit que la ceffation totale*

de la vie & du mouvement. Mais pourquoi ne peut-il y avoir de dilatation sans chaleur, ni de condensation sans froid ? C'est que, dans le premier cas, le fluide igné (1) s'introduit dans les corps, les dilate, y entretient le mouvement, & par conséquent la chaleur ; tandis que ces mêmes corps se condensent, se resserrent à l'instant où le fluide igné, qui tenoit leurs parties disjointes ou dissoutes, en y entretenant le mouvement & une

---

(1) Ce *fluide igné* est ce qu'on appelle aussi le *fluide électrique*, le *feu principe*, la *matière subtile* de quelques Physiciens, ou ce que Newton désigne dans son Optique sous le nom de *fluide actif, infiniment subtil, d'éther répandu dans les cieux & sur la terre par son élasticité, & traversant librement les pores de tous les corps.* C'est ce feu élémentaire qui, suivant Boerhaave, est répandu dans tous les corps tant fluides que solides, où il n'a besoin que de certaines circonstances pour se manifester à nos sens. Toujours plus ou moins en mouvement par les variations de l'atmosphère & différentes causes particulières, ses caractères distinctifs sont l'expansion & la propriété de raréfier & de dilater tous les corps où il s'introduit. Au reste, ce *fluide igné,* ce *phosphore fluide* n'imprime en nous le sentiment qu'on appelle *chaleur,* que lorsque son mouvement est accéléré par certaines circonstances. Il s'accumule jusqu'à un certain point dans les corps solides, s'ils sont du nombre de ceux qu'on appelle *fixes;* mais il s'en échappe sous la forme d'un nouveau mixte qu'on appelle *air, gaz, vapeur, flamme* ou *fumée,* si ces corps sont volatils, ou même assez divisés pour devenir avec lui moins pesans que le fluide ambiant.

chaleur locale, les abandonne pour se porter ailleurs. Alors de tels corps n'ont plus d'autre chaleur que celle de la température du lieu qu'ils occupent ; température qui varie à la surface du globe par les causes secondaires qui la modifient, mais qui, à l'abri de ces causes secondaires, comme il arrive souvent dans l'intérieur de la terre, reste constamment à dix degrés au dessus de la glace, ainsi que nous l'avons déja remarqué (§. I.), & que nous allons bientôt le prouver (§. XVI).

§. VIII. « Ces frimats qui blanchissent nos » campagnes, ces vents qui nous morfondent de » leur souffle glacé, ne nous apportent qu'un » moindre degré de chaleur ; ils suspendent la vé- » gétation, & nous permettent de vivre. » *Ibid.* *page 281.*

RÉPONSE. Sans doute : mais pourquoi ces vents nous apportent-ils ce moindre degré de chaleur, puisque, de l'aveu même de M. Bailly (§. VII.), le froid n'est point un être réel, & ne peut être par conséquent transporté par les vents ? C'est qu'ils nous arrivent de ces climats glacés où le soleil

Jette de froids rayons sur de stériles bords. *VOLT.*

de ces climats du pôle, où le mouvement & la chaleur sont à peine entretenus par la courte présence & l'obliquité des regards de l'astre vivifiant qui les éclaire. A l'arrivée de ces vents, de ces frimats, dans les pays échauffés par l'action plus directe & plus prolongée du soleil, le feu que ces pays avoient abforbé, mais qui tend fans ceffe à fe mettre en équilibre, paffe dans l'atmofphère refroidie par ces météores ; alors la végétation s'arrête, les eaux fe durciffent ; &, fans les abris, les vêtemens & le feu artificiel que nous favons nous procurer, notre propre chaleur feroit bientôt exhalée, volatilifée. Mais dans tout ceci, je n'apperçois point encore l'influence du feu central (1).

§. IX.   « M. de Mairan, qui a fuppofé le froid
» abfolu à 1000 degrés au deffous de la glace, n'a
» rien fuppofé de trop. M. de Buffon penfe même
» que ce degré pourroit être reculé jufqu'à 10000.
» En effet, pouvons-nous croire que l'art puiffe
» opérer le froid abfolu, *où la Nature n'arrivera*

---

(1) « Ce feu central, dit M. le Baron de Marivetz, cette
» hypothèfe dénuée de toutes preuves, cette fuppofition
» abfolument précaire, déduite d'une première vitrifi-
» cation qui n'a jamais exifté, que profcrit l'examen atten-
» tif de la terre ; cette hypothèfe que détruiroient toutes
» les obfervations phyfiques, fi nous nous permettions de
» les rapporter ici, mais qui trouveront leur place ailleurs ;
» cette hypothèfe enfin qui fert de bafe à tout le fyftême,
» écroule donc par fa feule incohérence avec ce fyftême,
» & l'entraîne dans fa chute. » *Phyfique du monde, Paris,
Quillau, 1780, vol. I, pag. 147.*

» *que par la longue continuité d'une diminution*
» *insensible ?* » Page 289.

RÉPONSE. Je pense même qu'elle n'y arrivera
jamais, à moins qu'il ne plaise à l'Etre suprême
de la faire rentrer dans le néant, d'où il l'a tirée.
Supposer dans la Nature une longue continuité de
diminution insensible de chaleur, c'est supposer
dans cette même Nature une diminution de mouvement, que nulle observation n'indique. On peut
bien, il est vrai, supposer une diminution de mouvement, & par conséquent de chaleur dans quelques parties du globe terrestre ou des autres planètes, mais non au point d'arriver à une cessation
totale de mouvement, tant qu'on supposera ces
corps existans (§. I.). Le degré du froid absolu,
loin de pouvoir être regardé comme 1000, ou
comme 10000, est donc aussi impossible à déterminer, que l'époque du repos absolu (1). Passons
cependant à M. Bailly sa supposition.

§. X.	« Supposons, dit-il, que le terme du

---

(1) « Le froid absolu est un être purement négatif,
» comme le repos ou l'obscurité ; & le froid en général,
» n'est qu'une moindre chaleur ou un moindre mouve-
» ment de la part de la matière subtile ou du fluide quel-
» conque, qui constitue le feu ou la chaleur... Or, comme
» il est démontré qu'il n'y a pas de repos absolu dans la
» Nature, il l'est de même qu'il n'y a pas de froid absolu. »
Mairan, Dissert. sur la glace, part. I, pag. 31.

» froid abfolu foit plus bas que le 1000ᵉ degré
» du thermomètre de Réaumur ; & partons de ce
» terme pour compter les degrés de chaleur,
» pour comparer la température de l'été à celle
» de l'hiver. En prenant une fuite d'obfervations
» faites à Paris pendant cinquante-deux années,
» de la plus grande chaleur d'été, la quantité
» moyenne entre ces cinquante-deux obferva-
» tions, eft de 26 degrés au deffus du terme de
» la glace ; &, comme nous fuppofons 1000 de-
» grés au deffous, il en réfulte que la plus grande
» chaleur de l'été eft à Paris de 1026 degrés. On
» trouve de même, que le froid moyen eft de 7
» degrés au deffous de la glace; & comme ce terme
» a lui-même encore 1000 degrés de chaleur, il
» s'enfuit que le froid moyen de nos hivers con-
» ferve 993 degrés de cette chaleur néceffaire. La
» chaleur de l'été à celle de l'hiver, eft donc
» comme 1026 à 993, ou commé 32 eft à 31. Il
» n'y a donc entre le plus grand chaud de l'été &
» le plus grand froid de l'hiver, qu'un 32ᵉ de
» différence. Cependant la chaleur verfée en été
» par le foleil, eft au moins fix fois plus grande,
» dans les mêmes climats, que celle qu'il leur dif-
» penfe en hiver. » *Ibid. page* 290-292.

    RÉPONSE Pour mettre dans tout fon jour la
méprife caufée par ces calculs, je crois devoir
placer ici les réfultats analogues qu'a préfentés M.
de Mairan dans fa Differtation fur la glace, au

Chapitre intitulé : *Du Feu central ou intérieur de la terre, & des principaux Phénomènes qui en dépendent.*

« Plufieurs Auteurs très-éclairés , dit-il , tant » anciens que modernes , ont reconnu un feu » central dans la terre, ou une chaleur quelconque » très-profonde. Les uns & les autres en ont déduit » l'explication de quantité de phénomènes ; mais » aucun que je fache , n'en a établi l'exiftence & » les effets de la manière qui fuit.

» Je donnai en 1719 à l'Academie des Scien- » ces, un Mémoire qui fut imprimé parmi ceux de » la même année, & qui a pour fujet la *Caufe* » *générale du froid en hiver, & de la chaleur en été.* » Il eft démontré dans ce Mémoire, que la chaleur » de l'été, dans le climat de Paris, au folftice d'été, » en tant qu'elle réfulte de cette caufe, c'eft-à-dire, » de l'a&ion du foleil fur la terre , eft à la chaleur » de l'hiver, au folftice d'hiver, tout au moins » comme 66 eft à 1.

» Par les obfervations & les expériences immé- » diates de M. Amontons, fur la chaleur de l'été » & de l'hiver dans le même climat, & aux folfti- » ces, la première eft à la feconde comme 60 eft » à 51 $\frac{1}{2}$ (ces nombres expriment des pouces de » fon thermomètre) ou à peu près en raifon de » 8 à 7 ; c'eft-à-dire, *que le chaud qu'il fait aux* » *rayons du foleil à midi, dans le folftice d'été,* » *ne diffère du froid qu'il fait quand l'eau fe glace,*

» *qu'environ comme* 60 *diffère de* 51 ½ *, ou* 8 *de* 7 *,*
» *& que la même matière qui produit par fon agi-*
» *tation les plus grandes chaleurs & les plus infup-*
» *portables de notre climat, ayant alors* 8 *degrés*
» *de mouvement, elle en a encore* 7 *lorfque nous*
» *fentons un froid extrême.* » (Hift. de l'Acad.
1702, page 7.)

.. » Comment accorder, *continue M. de Mairan ,*
» des réfultats fi différens, le rapport de 66 à 1
» d'un côté, & celui de 8 à 7 feulement de l'autre?

. » Il ne fera pourtant pas difficile de les conci-
» lier, *ajoute-t-il ,* fi l'on confidère qu'il n'eft
» queftion dans mon Mémoire, *que de la caufe*
» *générale & extérieure de la viciffitude des faifons ,*
» *qui eft le foleil, & de la chaleur qui doit en ré-*
» *fulter dans les deux folftices ;* au lieu que les
» obfervations & les expériences de M. Amon-
» tons, tombent fur *la chaleur totale & abfolue*
» *provenant du concours de toutes les caufes quel-*
» *conques, tant internes qu'externes, qui produifent*
» *la chaleur dans l'une & l'autre faifon.* » Diff. fur
la Glace, Part. I. Chap. XI, pag. 57 & 58.

Arrêtons-nous là, pour examiner quels font les
termes de comparaifon que nous offrent ces calculs.
Nous avons, d'une part, la fomme de toute la
chaleur que peut produire en été, dans notre
climat, la préfence du foleil, en ne la fuppofant
contrariée par aucuns météores, & abftraction faite
de toutes les différentes caufes qui la modifient,

Cette fomme, comparée à celle que le même aftre (toujours dans la même fuppofition) doit produire en hiver dans le même climat, eft, fuivant les calculs les plus modérés, dans le rapport de 6 à 1 ; & dans celui de 66 à 1, fuivant les calculs les plus exacts, ou les plus rigoureux : car nous avons vu ci-deffus (§. VI.) qu'on évaluoit auffi ce rapport, comme pouvant être de 17 à 1, ou de 50 à 1.

Si l'on compare enfuite ce réfultat hypothétique avec les obfervations réelles, fournies par le thermomètre, on trouve entre ces deux réfultats une différence énorme, parce qu'on ne veut pas voir que le thermomètre donne le réfultat de la chaleur du foleil, non abftractivement prife, mais modifiée, tempérée ou augmentée par différentes caufes locales & particulières.

Voilà le feul & véritable point de vue fous lequel on puiffe envifager ces calculs. Qu'a fait M. de Mairan ? Préoccupé de l'hypothèfe du feu central, il a regardé le premier de ces réfultats comme la fomme de la feule chaleur caufée par la préfence du foleil ; & le fecond, comme la fomme de toutes les chaleurs particulières, produites par le concours de différentes caufes : & il a conclu de-là, qu'il y avoit par toute la terre un fonds de chaleur permanent, & indépendant de la viciffitude des faifons.

Mais, pour que la conclufion de M. de Mairan

pût se soutenir, il faudroit supposer, contre l'expérience, que toute la masse de la chaleur versée
par le soleil en été, dans nos climats, y demeure
& s'y accumule ; alors, ne pouvant nous en en-
voyer qu'une quantité beaucoup moindre en
hiver, il faudroit bien convenir que la masse de
chaleur qui, dans cette saison, fait équilibre avec
celle que nous avons reçue de cet astre en été,
ne vient point de lui, mais de la terre même ou
du feu central, puisqu'il faut, après tout, que
cette chaleur de l'hiver ait une cause quelconque
qui la produise.

Je dis donc que la supposition de M. de Mairan
est contraire à l'expérience ; car qui peut ignorer
que cette chaleur, envoyée par le soleil d'été,
est continuellement amortie & diminuée par l'Evaporation (*B*), qui alors est très-grande, & qui
ne peut avoir lieu sans dépouiller la surface du
globe d'une quantité surabondante de chaleur ?
quantité à laquelle nous ne pourrions résister, si
elle étoit aussi considérable, aussi intense, que
les calculs hypothétiques la présentent.

D'un autre côté, l'évaporation étant beaucoup
moindre en hiver, la surface du globe, dans nos
climats, perd moins de la chaleur qu'elle reçoit
alors du soleil, quoique la quantité en soit incon-
testablement beaucoup moindre aussi qu'en été.
Il n'est donc pas étonnant que le thermomètre
indique une aussi foible différence entre la chaleur

de l'hiver & celle de l'été, quoique la quantité versée par le soleil dans ces deux saisons, soit dans des proportions si diffemblables. Il n'est donc plus besoin, comme on le voit, d'avoir recours à la suppofition d'un prétendu feu central, ou à d'autres chaleurs particulières, pour expliquer un phénomène qui ne demandoit, pour être conçu, qu'un peu plus d'attention fur les véritables caufes qui le produifent.

Perfonne n'ignore en effet qu'au plus fort de l'été il ne faut qu'un vent de *nord*, un temps couvert, un fimple orage, une pluie abondante, pour rafraîchir d'une manière très-fenfible la furface du globe dans la contrée où arrivent ces météores, tandis qu'au contraire, en plein hiver, il ne faut qu'un vent de *fud* ou de *fud-oueft* (*C*), pour adoucir la rigueur de la faifon, & rendre à la terre les molécules de feu qui s'en étoient exhalées. Ce font ces viciffitudes de l'atmofphère, & la tendance continuelle qu'a la matière ignée à fe volatilifer fous forme d'air ou de vapeurs en fe combinant avec l'eau (1), qui caufent la légère

---

(1) M. Meffier rapporte que le 28 janvier 1776, ayant pris de la neige, & formé avec cette neige une boule de trois pouces de diamètre, il l'expofa à la flamme d'une bougie, où elle fe diffipa fans fe réfoudre en gouttes d'eau. *Mém. de l'Acad. Roy. de Sciences*, 1776, *pag. 58.*

différence que les observations thermométriques indiquent entre la température de l'hiver & celle de l'été.

Aussi voyons-nous que les chaleurs les plus grandes, les plus insupportables, font celles des lieux où la matière ignée s'accumule, & ne peut être volatilisée par l'évaporation. Telle est la raison des chaleurs étouffantes qu'on éprouve dans les fables brûlans de l'Afrique, & dans les vastes déserts de l'Asie (1). Voilà pourquoi l'Amérique, si couverte d'eaux & de forêts (2), est moins brûlée

---

(1) « L'Arabie Pétrée, est un désert où il ne pleut » jamais, où des fables brûlans couvrent toute la surface » de la terre, où il n'y a presque point de terre végétale, » où le peu de plantes qui s'y trouvent languissent. » *Buff.* *Hist. Nat. vol. I, pag. 575.* « Il n'y a point de climat sur » la terre plus brûlant que les déserts de l'Egypte ; l'air qui » y souffle est un feu dévorant ; il n'y pleut jamais ; il n'y » a pas une goutte d'eau, ni un arbuste dans un espace de » 30 lieues ; & le fable, presque rougi par la chaleur du » soleil, est composé de petits cailloux anguleux.... Par » un contraste bizarre, les nuits de ce climat font presque » aussi froides que les jours y font chauds ; & quand on » échappe aux exhalaisons suffocantes du jour, il est pres- » que impossible de résister sans vêtemens & sans pré- » cautions au froid glacial de la nuit. » *Extrait de la Rela-* *tion de M. de Saint-Germain, insérée dans le Mercure de* *France du 19 février 1780, pag. 133.*

(1) On peut voir dans le voyage de M. de Chabert, fait par ordre du Roi en 1750 & 1751, dans l'Amérique

dans

dans la zône torride, que les contrées arides &
découvertes de l'Afrique & de l'Afie, fituées fous
les mêmes climats. C'eſt encore la raiſon pour
laquelle, dans nos climats tempérés, les plus grandes chaleurs ne ſe font pas communément ſentir
au ſolſtice d'été, terme de la plus haute élévation
du ſoleil ; mais dans les mois de juillet & d'août,
où la terre, plus deſſéchée par l'évaporation preſque continuelle des mois précédens, eſt par-là
moins diſpoſée à fournir aux molécules ignées qui
la pénètrent, leur véhicule, c'eſt-à-dire, l'humidité néceſſaire pour leur permettre de s'élever &
ſe diſſiper en vapeurs.

Je me contenterai de ce petit nombre de faits,
car ils ſe préſentent en foule, pour prouver que
c'eſt l'EVAPORATION ſeule, & nullement le FEU

____

ſeptentrionale, une ſavante diſſertation ſur les cauſes du
froid rigoureux qu'on reſſent dans le Canada reſpective-
ment aux mêmes latitudes d'Europe. M. de Chabert y
rapporte les cauſes de ce phénomène à la quantité de terres
incultes, aux lacs prodigieux, aux marais & aux forêts,
ainſi que l'a fait dans ſon ouvrage l'Auteur des *Recherches
philoſophiques ſur les Américains*, dont cette note eſt tirée.
Défenſ. des Rech. philoſ. pag. 64. « Quand la Gaule étoit
» remplie de bois, dit M. de P***, & beaucoup moins
» cultivée, il faiſoit auſſi plus froid à Paris qu'il ne fait
» aujourd'hui, comme on peut très-aiſément s'en con-
» vaincre, en liſant ce que l'Empereur Julien dit du climat
» de Paris dans ſes ouvrages. » *Ibid.*

C

CENTRAL, qu'il faut déformais regarder comme
la caufe de l'énorme différence qui fe trouve entre
les calculs hypothétiques de la chaleur du foleil,
fuppofée mal-à-propos permanente en été dans
nos climats, & les obfervations thermométriques,
qui dépofent évidemment le contraire.

§. XI. « Quand les glaces nous environnent,
» continue M. Bailly, nous devrions avoir perdu
» plus des cinq fixièmes de la chaleur de la terre;
» nous n'en avons perdu réellement qu'un trente-
» deuxième. » *Page 293.*

RÉPONSE. En admettant que la chaleur verfée
par le foleil en été, foit au moins fix fois plus
grande dans les mêmes climats, que celle que
cet aftre leur difpenfe en hiver; on peut répliquer
qu'en été l'évaporation (& conféquemment la
diffipation de la chaleur) eft au moins fix fois
plus grande qu'en hiver (*D*), où l'action du foleil
moins forte & moins verticale, jointe à un temps
plus couvert & plus nébuleux, qui fouvent nous
la dérobe, caufe une évaporation moins abondante, & par conféquent plus proportionnée à la
foible chaleur que cet aftre nous envoie alors. Il n'y
-a donc pas lieu d'être étonné que le thermomètre
n'indique entre ces deux faifons qu'une différence
d'un trente-deuxième, quoique les maffes de chaleur fournies dans l'une & l'autre faifon, foient fi
difproportionnées : d'ailleurs, le froid rigoureux

& l'évaporation qu'occafionnent les vents du nord,
font prefque toujours de peu de durée dans notre
climat de Paris ; & la chaleur qu'ils nous enlèvent
pendant quinze jours à trois femaines, nous eft
promptement & plus ou moins reftituée, foit par
l'action directe, quoique oblique, du foleil fur
notre horizon, foit par les vents du fud, qui nous
apportent celle des contrées méridionales.

§. XII.   « On trouve par un calcul fort fimple,
ajoute M. Bailly, » que, pour concilier ces deux
» faits également inconteftables, *il faut que la*
» *terre ait en hiver un fonds de chaleur environ*
» *cent cinquante fois* (*M. de Mairan trouve cinq*
» *cents fois*) *plus confidérable que celle qu'elle reçoit*
» *dans le même temps du foleil, & vingt-cinq fois*
» *plus grande que celle des rayons d'été.* Je demande
» alors d'où peut venir cette chaleur, *que le foleil*
» *ne donne point à la terre*, & qu'elle conferve
» dans fon abfence ? » *Ibid.* BUFF. *Epoq. de la*
Nat. pag. 8.

Voici préfentement comme s'exprime M. de
Mairan fur le même fujet :

« C'eft de-là, & par une courte analyfe, que je
» conclus qu'il y a donc par toute la terre un fonds
» de chaleur indépendant de la viciffitude des fai-
» fons : car des obfervations femblables qu'on a
» faites dans des pays connus, & de femblables
» inductions que nous en pouvons tirer, ne per-

» mettent pas de douter que le même principe
» ne foit applicable à tous les pays, fauf les modi-
» fications qu'y apportera peut-être la complica-
» tion des autres caufes, telles que la latitude & la
» fituation du lieu, la nature du fol, &c. C'eft
» par-là, dis-je, & d'après les élémens de calcul
» donnés, que je trouve ce fonds permanent de
» chaleur pour le climat de Paris *trois cents quatre-*
» *vingt-treize fois plus grand que le degré de chaleur*
» *de l'hiver*, en tant que celui-ci ne réfulteroit que
» de la caufe générale de la viciffitude des faifons.
» Prenant donc cette chaleur de l'hiver pour l'u-
» nité, il y aura ordinairement dans le climat de
» Paris, *une bafe, pour ainfi dire, de chaleur per-*
» *manente, d'environ trois cents quatre-vingt-treize*
» *degrés, fur laquelle s'élève alternativement le degré*
» *unique de chaleur de l'hiver, & les foixante-fix*
» *degrés de chaleur de l'été, produits par la caufe*
» *générale de la viciffitude des faifons*, & dont les
» fommes feront à peu près dans le rapport ab-
» folu de 7 à 8, que donne l'obfervation immé-
» diate. On en peut voir le détail & la démonftra-
» tion dans le Mémoire même. » *Differt. fur la*
Glace, ibid.

    RÉPONSE. Telle eft, comme nous venons de
le démontrer (§. X.), la fauffe conclufion qu'ont
tirée de deux faits également inconteftables, de
grands & de célèbres Phyficiens, faits pour en-
traîner tous les autres dans leur opinion. Trou-

vant, par les obfervations du thermomètre, une
fi légère différence entre la température de l'hiver
& celle de l'été dans nos climats (1) ; ne pouvant
d'ailleurs fe perfuader que la chaleur du foleil fût
bien réelle, puifque, malgré la maffe qu'il paroif-
foit devoir nous en fournir, la plus forte chaleur
de l'été n'excédoit que d'un trente-deuxième celle
de l'hiver le plus rigoureux ; loin de chercher fi
l'évaporation ne pouvoit pas être la caufe de ce
phénomène, en apparence contradictoire, ils aimè-
rent mieux fuppofer gratuitement à la terre un
fonds de chaleur au moins cent cinquante fois plus
confidérable que celui qu'elle recevoit du foleil en
hiver, & vingt-cinq fois plus grand que celui des

____

(1) Il y a pourtant ici une différence effective de trente-
deux dégrés entre ces deux extrêmes de la chaleur d'été
& de la chaleur d'hiver ; & cette différence eft confidérable, relativement à nos fens, feuls juges de la fenfation que l'on nomme *chaleur.* En effet, s'il n'exiftoit point
d'êtres animés, il n'y auroit point, dans la Nature, ce
qu'on appelle de la *chaleur*, mais feulement des fommes
plus ou moins grandes de mouvement, la *chaleur* n'étant
que la fenfation que nous éprouvons par ce mouvement.
Or, puifque la chaleur qui réfulte du foible mouvement
indiqué fur le thermomètre par le terme de la glace, eft
déja nulle pour nous, à plus forte raifon les mille dégrés
de chaleur qu'on fuppofe au deffous de ce terme, n'exif-
tent-ils point pour nos fens. Ils ne font qu'une chaleur
purement hypothétique, c'eft-à-dire, une extrême diminution de mouvement.

rayons d'été : conclufion abfurde, & qui, comme nous le verrons, n'eft étayée d'aucune preuve folide ; car, fi l'on en excepte la chaleur propre au globe, & que l'expérience nous apprend n'être que de dix degrés au-deffus du terme de la glace, il n'y a aucune chaleur locale & particulière, même celle qui réfulte des fermentations pyriteufes, qui ne tire fon origine du mouvement produit à la furface du globe par l'action des rayons folaires, ou dans fon intérieur par le concours de l'air & de l'eau, en fuppofant même celle-ci réduite au degré de chaleur néceffaire pour la rendre fluide.

§. XIII. « M. de Mairan a dit que cette cha-
» leur étoit intérieure, c'eft-à-dire, inhérente au
» globe. *C'étoit l'hypothèfe la plus fimple qu'on pût
» imaginer pour rendre raifon d'un fait fi fingulier,
» & en même temps fi bien démontré.* S'il l'a
» regardée comme centrale, c'eft qu'il a confidéré
» que, *répandant fes influences bienfaifantes fur
» tous les points de la furface*, elle agiffoit comme
» partant d'un centre; mais il n'a point prétendu
» par cette qualification déterminer ni le lieu, ni
» l'origine de ce qui produit ces influences. » *Ibid.*
page 294. (1)

---

(1) « Du refte, dit M. de Mairan, que ce foit un feu
» véritablement central, ou très-profond, inné avec le

RÉPONSE. En cela, M. de Mairan a très-fage-
ment fait ; il vouloit éviter l'écueil où avoient
échoué plufieurs de ceux qui l'avoient devancé
dans cette hypothèfe. Il n'ignoroit pas les objections infolubles qu'on avoit faites à ceux qui,
admettant une efpèce de fournaife ardente au
centre du globe (*E*), s'étoient peu embarraffés
d'affigner d'où ce feu tiroit l'air & les alimens qui
l'entretenoient. Au refte, quoique M. de Buffon
ait imaginé depuis une hypothèfe fort ingénieufe
pour expliquer la caufe & l'origine de ce feu central, il me femble que cet illuftre écrivain auroit
dû commencer par bien conftater l'exiftence de
ce feu & fon degré d'intenfité ; car nous verrons
bientôt que, loin de *répandre fes influences bienfaifantes fur tous les points de la furface du globe*,
ce feu n'a pas même la force de fondre la glace
à 15 ou 20 pieds fous terre. Après ce que nous
avons dit plus haut (*Rép. au* §. X.) du rafraîchif-
fement de la furface du globe par l'évaporation,
les vents & les autres météores, on fent qu'il eft
parfaitement inutile de recourir à la caufe obfcure

» globe terreftre , ou acquis au moyen des rayons du
» foleil, qui échauffent toujours également ou à peu près
» un de fes hémifphères , c'eft ce que je ne difcuterai pas
» ici , quoique bien des raifons me perfuadent qu'il tient à
» la ftructure interne de la terre & des planètes en géné-
» ral. Il me fuffit que l'exiftence n'en foit pas douteufe. »
Differt. fur la Glace , Part. I , Chap. XI , pag. 59.

C iv

du feu central, & que le point d'où partent toutes
les influences vivifiantes de la surface, n'eft autre
que le foleil.

§. XIV. « On a objeſté à M. de Mairan, que
» cette chaleur intérieure pouvoit avoir fa fource
» dans les vapeurs bitumineufes qui s'élèvent des
» entrailles de la terre ; dans la fermentation qui
» fait bouillonner les eaux & produit les volcans (1).
» Mais qu'eſt-ce que la fermentation, fi ce n'eſt un
» mouvement inteſtin, excité dans certains corps,
» à l'aide d'un degré de chaleur & de fluidité con-
» venables ? La fermentation naît d'une chaleur
» préexiſtante dans les matières qui en font fufcep-
» tibles, & en même temps d'un état de fluidité

« D'autres, dit M. Pallas, ont fait jouer les volcans,
» que l'on a été jufqu'à attribuer au *feu central gratuite-*
» *ment fuppofé*, & que d'autres Phyſiciens ont employé
» pour rendre raifon de la formation des métaux par fubli-
» mation, de l'origine des fontaines par diſtillation, en
» faifant de notre planète, tantôt un laboratoire de Chi-
» mie, tantôt une machine hydraulique, plus adaptée aux
» idées méthodiques d'efprits raifonneurs qui s'amufent de
» telles hypothèfes, que ne le font les grandes opérations
» variées de la Nature, qui fouvent, à l'obfervation,
» détruit les plus beaux fyſtêmes de cabinet, & même
» quelquefois les démonſtrations mathématiques. » *Obſ.*
sur la Formation des montagnes, p. 10 de l'édit.
in-12, faite fur celle de Pétersbourg.

» ou d'humidité qui en exclut la congélation. C'eſt
» donc alléguer pour cauſe, ce qui n'eſt qu'un
» effet; c'eſt dire que les matières où il y a de la
» chaleur, produiſent la chaleur du globe. » *Ibid.*

RÉPONSE. Cette objection eſt en effet très-
futile, & ſent bien la phyſique du ſiècle dernier (1). Par ces vapeurs bitumineuſes qui s'élèvent

---

(1) M. de Mairan, parlant des chaleurs inſupportables
qu'on n'éprouve guère, dit-il, *que dans les mines très-*
profondes & au-delà de 2 ou 300 toiſes, dit qu'il les croit
» plutôt l'effet des *vapeurs ſulfureuſes* ou des feux réels
» qui s'allument en ces endroits par le conflict de l'air &
» de quelques autres circonſtances locales, que du plus
» de proximité du foyer central. *Ce foyer*, ajoute-t-il,
» *ou ce feu central en eſt bien la cauſe, en tant qu'il*
» *s'exhale plus abondamment par des terres plus poreuſes, ou*
» *par de plus larges canaux;* mais il ne l'eſt pas relative-
» ment à la diſtance & proportionnellement à ſon plus de
» proximité. Car qu'eſt-ce que 300 toiſes, par exemple,
» de plus ou de moins, ſur plus de trois millions qu'en
» contient le rayon du globe terreſtre ? Ce n'en eſt pas
» la dix millième partie; & l'augmentation ou diminution
» de chaleur qui en réſulteroit, n'iroit guère qu'à un cinq
» millième, en prenant le rapport inverſe des quarrés de
» diſtance, *comme il convient à toute émanation centrale.* »
Diſſ. ſur la Glace, pag. 61. On voit par ce paſſage, 1°. que
M. de Mairan attribuoit les feux ſouterrains aux émanations du feu central, lorſque ce feu *pouvoit s'exhaler plus*
abondamment par des terres plus poreuſes ou par de plus larges
canaux; 2°. qu'il plaçoit le foyer de ce feu central directement au centre du globe, puiſqu'il calcule l'augmentation

des entrailles de la terre , par cette fermentation
qui fait bouillonner les eaux & produit les volcans,
il eſt clair que l'on entend la fermentation pyri-
teuſe , & les divers phénomènes qui en ſont la
ſuite : mais cette fermentation & cette inflammation des pyrites & des ſubſtances bitumineuſes,
loin de pouvoir être aſſignée pour cauſe du feu
central , en eſt totalement indépendante , & n'auroit même pas lieu , ſans le concours des eaux
qui , de la ſurface , ont pénétré dans l'intérieur de
la terre.

§. XV.   « Mais pourquoi, demande M. Bailly,
» y a-t-il de la chaleur dans ces matières ? Elle
» n'y a point été portée à coup ſûr par les rayons
» du ſoleil ; l'accès leur eſt trop bien défendu par
» l'opacité de la terre. » *Ibid. pag. 295.*

RÉPONSE. Il eſt vrai que les rayons du ſoleil
ne pénètrent pas dans les lieux ſouterrains, &
quelquefois fort profonds , où ſont dépoſées ces
couches pyriteuſes ; mais il ſuffit que les eaux de
la ſurface , rendues fluides par la chaleur du ſoleil ,
ou celles même qui n'auroient, comme l'intérieur
du globe, que dix degrés de chaleur au deſſus du
terme de la congélation ; il ſuffit, dis-je, que de

---

ou diminution de chaleur que doit éprouver un lieu quelconque, à raiſon de la diſtance où il eſt de ce centre ou
de ce foyer.

telles eaux pénètrent ou s'infiltrent jufqu'aux couches pyriteufes, pour y exciter la fermentation & même l'inflammation, à l'aide des matières bitumineufes qui fouvent accompagnent ces couches.

On feroit donc dans l'erreur, fi l'on croyoit que ces eaux euffent befoin, pour cela, d'un degré de chaleur plus intenfe que celui qui eft néceffaire pour les rendre fluides. Pour foutenir le contraire, il faudroit n'avoir aucune idée de l'efflorefcence pyriteufe, non plus que du violent degré de chaleur qui peut réfulter du mélange de l'eau la plus froide avec un acide concentré, également froid (1).

§. XVI.　« Nos glacières, où la glace ne fond » point l'été ; nos caves, nos fouterrains, qui con- » fervent en tout temps la même température, » nous apprennent que la marche du foleil eft » indifférente, que les alternatives du froid & du

---

(1) Degrés de chaleur produits par le mélange d'un acide avec une égale quantité d'eau diftillée ; extraits des *Elémens de Minéralogie docimaſtique de M. Sage, vol. I, p. 4, 6, 10, 11.*

Acide phofphorique obtenu du phofphore par déliquef-cence, fait monter le thermomètre . d'un feul degré.

Acide vitriolique concentré . . de 90 à 100 degrés.

Efprit de nitre fumant . . . . de 22 degrés.

Acide marin fumant . . . . de 10 degrés.

» chaud font étrangères, comme le jour, à ces
» afiles de la nuit. » *Ibid.*

RÉPONSE. Oui ; mais malheureufement pour
l'hypothèfe du feu central, ces mêmes glacières,
ces mêmes caves inacceffibles à la clarté du jour,
nous apprennent auffi que la chaleur fouterraine,
que M. Bailly (§. XII.) dit être *vingt-cinq fois
plus grande que celle des rayons d'été*, ne peut cependant fondre que très-lentement la glace qu'elle
rencontre dans ces mêmes lieux ; ce qui n'empêche pas qu'on ne lui attribue (§. XXIV.) la
puiffance de fondre affez rapidement une partie
de celle qui couvriroit la furface du terrain fous
lequel font ces caves ou ces glacières ; ce qui eft
une inconféquence des plus marquées dans le
nombre de celles dont cette hypothèfe four-
mille (1).

---

(1) Le 1ᵉʳ. juin de l'année 1770, M. Gerhard, de
l'Académie de Berlin, étant fur une haute montagne de
Siléfie, nommée le *Weiffer-Fleinsberg*, par un temps bien
chaud, & le ciel étant par-tout bien ferein, rencontra
par-ci par-là des places où il y avoit encore de la neige,
& remarqua qu'elle n'étoit pas feulement de l'hiver précédent, puifqu'il en découvrit trois différentes en couleur
& en dureté. Il mit un thermomètre à 50 pas de la neige,
& un autre à un pied, & vit que ces thermomètres indi-
quoient le même point de chaleur, favoir 10 degrés ; mais
ayant plongé le thermomètre dans la première couche de
la neige, le mercure baiffa & s'arrêta précifément au

Cependant, laiffez couler dans votre glacière un filet d'eau de la furface, & vous verrez fi votre glace ne fondra pas *dans fon afile de la nuit*. Mais, me direz-vous, fi cette eau n'y eût pas pénétré, la glace auroit pu fubfifter très long-temps fans s'y fondre. J'en conviens; & c'eft ce qui démontre, fans réplique, le peu d'énergie de votre feu central. Je foutiens, par la même raifon, que fi l'eau pluviale ou l'eau de la mer, n'eût point pénétré dans les lieux où giffent les pyrites & autres matières fufceptibles de fermentation, la chaleur locale & même l'inflammation fouterraine qui en ont réfulté, n'auroient point eu lieu. Si vous infiftez, en difant que toute l'eau fupportée par le fond des mers, n'eft fluide que par l'énergie du feu central, ce fera une nouvelle inconféquence que nous difcuterons au §. XXI.

§. XVII. « Dira-t-on que la terre ne perd point » en hiver autant de chaleur qu'elle en acquiert » en été, & que le phénomène obfervé par M. » de Mairan, eft le réfultat de ce qu'elle a amaffé

---

point de la congélation ; & dans la feconde & troifième couche, il defcendit encore de 5 degrés plus bas. *Journal de Phyf. janvier 1774, pag. 40.* Que devient ici l'effet de la chaleur centrale ? Si la neige fondoit par les émanations de cette chaleur, ne feroit-ce pas dans les couches fupérieures, plutôt que dans les inférieures, que devroit fe trouver le plus grand degré de froid ?

» depuis le temps de fon exiftence ? Mais alors la
» chaleur devroit augmenter annuellement fur le
» globe ; la zône torride , qu'on regardoit autre-
» fois comme inhabitable, le deviendroit en effet. »
Ibid.

RÉPONSE. Quoiqu'une telle conclufion foit
directement contraire à celle du refroidiffement
progreffif du globe , dont les divers périodes de
chaleur ont été calculés par M. de Buffon, un
Phyficien diftingué (1) efpère pouvoir la démontrer , & regarde même l'*addition de chaleur fur la
terre*, comme une de ces vérités mathématiques
qu'il n'eft pas poffible de contefter ; mais, en
attendant l'ouvrage intéreffant qu'il nous annonce
fur cet objet (2), je me contenterai de répondre

---

(1) M. le Baron de Marivetz , dans fon *Profpectus d'un
Traité général de Géographie phyfique ; Paris , Quillau,
1779, in-4°. «Deux adverfaires auffi refpectables , dit-il,
en parlant de MM. le Comte de Buffon & Bailly , » ne
» s'écartent pas avec une fimple fuppofition. Ce n'eft
» qu'après s'être appuyé fur les principes les plus évidens,
» après s'être armé des preuves les plus fortes , que l'on
» peut ofer combattre les idées de deux auffi grands
» hommes.... L'évidence feule peut remplacer l'opinion
» de MM. de Buffon & Bailly. » *Page 13.*

(2) Le premier volume de cet ouvrage vient de pa-
roître fous le titre de *Phyfique du Monde.* La manière élé-
gante , concife & lumineufe dont l'Auteur y difcute les
quatre fameux fyftêmes cofmologiques de Burnet , de

ici, que l'explication du phénomène obfervé par
M. de Mairan, eft indépendante de cette vérité,
ou, fi l'on veut, de cette affertion, puifqu'en
conféquence de l'évaporation, comme nous l'avons
vu (§. X.), la plus grande partie de la chaleur
acquife en été par la furface de la terre, eft déja
diffipée après les premières gelées de l'automne;
ce qui n'empêche pas que, par un temps plus
doux, cette même furface ne puiffe fe reffaifir
d'une portion de la chaleur qu'elle avoit perdue,
& la conferver jufqu'à ce que de nouvelles caufes
reviennent l'en dépouiller.

Ces viciffitudes, caufées par les *vents* dans la
température des faifons, font fi généralement connues, qu'on a prefque honte d'être obligé de faire
remarquer aux partifans du feu central, qu'il y a
telle fin d'hiver où des vents de *fud* rendent la
faifon fi prématurée, que ce feu central, jufques
alors engourdi, reprend tout-à-coup fon activité,
fait monter la sève, développe les bourgeons, au
point que l'on croit déja fe trouver au printemps.
Cependant il ne faut que l'arrivée d'un vent de
nord ou de *nord-oueft*, pour arrêter toute cette
énergie qu'ils prêtent au feu central, ramener la
neige & les frimats, lefquels, huit à quinze jours

Whifton, de Woodward & de M. le Comte de Buffon,
fait defirer avec impatience celui qu'il doit leur fubftituer
dans les volumes fuivans.

après , difparoîtront à leur tour par l'arrivée d'un fimple vent de *fud*. Or , fi les vents ont une influence fi marquée fur la température des faifons , il ne s'agit plus , pour décider la queftion qui nous occupe , que de favoir fi les vents ont pour caufe les influences du foleil fur le globe , ou s'ils font encore un des produits du feu central (1).

§. XVIII. « Ajoutera-t-on que la terre, comme » une infinité d'autres corps , n'eft fufceptible que » d'acquérir un certain degré de chaleur? qu'ar- » rivée à ce terme depuis bien des fiècles, fa tem- » pérature refte conftante ? Mais on étend ici à » tous les corps en général , & à la terre en par- » ticulier, ce qui n'appartient qu'aux fluides. L'eau

------

(1) « Nos payfans , dit l'Auteur de l'*Effai fur la Popu-* *lation de l'Amérique*, » difent au printemps pour raifon , » lorfque les blés , les herbes, les jardinages , &c. ont de » la peine à pouffer , *que la chaleur n'eft pas encore dans la* » *terre*, ou que la terre n'eft pas encore échauffée : ils ont » raifon. Quand même le foleil donne fur la furface de la » terre , il ne fait que très-peu d'effet ; il faut que fa cha- » leur foit à un degré qu'elle puiffe échauffer le fol à une » certaine profondeur , vivifier les racines , & faire ger- » mer les graines ; fans quoi, toute la force prétendue du » feu central n'y fera rien. J'avoue humblement que le » bon fens & l'expérience des payfans prévaudront tou- » jours chez moi fur les fpéculations des plus grands phi- » lofophes. » *Tome I , pag.* 451.

ne

» ne s'échauffe point au-delà du degré qui la fait
» bouillir. Cette propriété des liquides tient à leur
» nature volatile ; les corps folides, par cela même
» qu'ils font folides, font toujours bien loin du
» degré de chaleur qu'ils peuvent recevoir ; il faut
» qu'ils paffent auparavant à l'état de fluides,
» &c. » *Page 296.*

RÉPONSE. Sans doute que la terre eft un corps
folide, du moins en bonne partie ; mais M. Bailly
a-t-il donc oublié la couche immenfe d'air, ce
fluide fi élaftique qui environne le globe ? Ne le
croit-il pas capable d'abforber ou de reftituer à la
terre la portion de feu qui tantôt la furcharge &
la brûle, & qui tantôt lui manque ? Cette couche
d'air, qui fait notre atmofphère, n'eft-elle pas
tour-à-tour augmentée par l'évaporation de l'eau
qui s'y promène en nuages, ou diminuée par
l'abforption qu'en font ces nuages mêmes (1) ?
Enfin, conçoit-on qu'on puiffe ne tenir aucun
compte, dans le calcul des caufes de la chaleur, de
ces variations fi fréquentes de la température de
la furface, occafionnées par ces météores, tandis
qu'on rapporte tout à l'énergie d'un prétendu feu
central, qu'on ne fait pas même où placer ?

---

(1) *Voyez* l'intéreffant mémoire de M. Changeux, qui
a pour titre : *Recherches fur la vraie caufe de l'afcenfion &*
» *de la defcente du Mercure dans le Baromètre ;* » (dans le
Journal de Phyfique du mois d'août 1774.)

D

§. XIX. « D'ailleurs , continue M. Bailly ,
» comme la première source de cette chaleur
» seroit toujours à la surface, *on devroit éprouver*
» *plus de froid sous terre. La liqueur du thermo-*
» *mètre devroit descendre , lorsqu'on le transporte à*
» *de grandes profondeurs.* Cependant M. de Gen-
» sane (1) observa dans les mines de Giromagny ,
» que le thermomètre qui, hors de la mine, étoit
» à deux degrés au dessus de la glace, porté à
» cinquante toises de profondeur, monta à dix
» degrés (2) : il s'y tint jusqu'à cent toises ; mais,
» ayant été descendu à une profondeur de deux
» cents vingt-deux toises, il s'éleva à 18 degrés.
» La chaleur augmentoit donc à mesure qu'on

---

(1) « Il y a quelques années , dit M. de Mairan, que je
» priai M. de Gensane, correspondant de l'Académie
» royale des Sciences...., de faire là-dessus quelques ex-
» périences. (En voici le résultat.)

Toises de profondeur.	Degrés du thermomètre.
52	10
106	$10\frac{1}{2}$
158	$15\frac{3}{4}$
222	$18\frac{3}{6}$

» ce qui n'approche pas, ajoute M. de Mairan, des grandes
» chaleurs de notre climat, & qui , étant réduit à la réalité
» indépendante de nos sensations, ne formera qu'un ac-
» croissement très-peu considérable. » *Dissertation sur la*
Glace , ibid. pag. 63.

  (2) C'est le terme de la température actuelle du globe,
lorsqu'elle n'est point modifiée par quelque cause locale.

» pénétroit plus avant dans le sein de la terre. »
Ibid. pag. 297. (1)

RÉPONSE. Cette expérience unique de M. de Gensane, & dont MM. de Mairan, de Buffon & Bailly font tant de bruit, a été contredite par mille autres faites en différens temps, dans des mines encore plus profondes que celles de Giromagny, entr'autres, à Sahlberg en Suède (2), à Wieliczka

---

(1) « Cette chaleur, dit M. de Buffon, nous est démon-
» trée par la comparaison de nos hivers à nos étés : (*Voyez*
» ce qu'on doit penser de cette démonstration, au §. X.)
» on la reconnoît encore d'une manière plus palpable, dès
» qu'on pénètre au dedans de la terre ; *elle est constante en*
» *tous lieux pour chaque profondeur, & elle paroît augmenter*
» *à mesure que l'on descend.* » Epoq. de la Nat. pag. 8. (*F*).

(2) M. de Stockenstrom, directeur des mines de fer du Roi de Suède, m'a dit depuis, que la profondeur des mines de Sahlberg n'étoit que de *180* toises, & celle des mines de Fahlun de *192* à *200* toises. La mine de Cotteberg, qui, du temps d'Agricola, passoit pour la plus profonde de toutes les mines connues, n'avoit que 2500 pieds de profondeur perpendiculaire. Les mines les plus profondes connues sont donc :

Cotteberg . . . . 416 toises ⅔
Joachimsthal . . . . ⎫
S. Andreasberg . . . . ⎬ 280
Wieliczka 250
Le profond Saint-Jean au Hartz 233
Giromagny 222
Fahlun . . . . 192 à 200
Sahlberg 180
La Caroline au Hartz 171

en Pologne, &c. M. de Mairan convient lui-même
(*ibid. pag. 64*) que, malgré la grande profondeur
de ces dernières, *on ne fait aucune mention de
la chaleur qu'on y éprouve , & qu'il y a grande apparence qu'elle est fort tempérée.* « Peut-être, ajoute-
» t-il, que les corpuscules salins répandus dans l'air
» qu'on y respire, contribuent à cette tempéra-
» ture , &c. »

Quoi qu'il en soit, l'observation de M. de Gensane, tant qu'elle restera isolée & contredite par
toutes les autres, ne sera qu'une preuve très-sus-
pecte en faveur du feu central. En la supposant
exacte, elle prouve seulement qu'il y avoit dans la
mine dont il s'agit, une chaleur produite par des
causes particulières, puisque, par une foule d'observations faites en différens lieux & à différentes
profondeurs, il est aujourd'hui constaté que, hors
de la portée des rayons solaires, la chaleur souterraine ou sous-marine, à quelque profondeur qu'on
parvienne , est constamment fixée à dix degrés au
dessus du point de la congélation (1) , à moins

----

(1) M. de Mairan, après avoir dit que la chaleur du
feu central se fait sentir dans les excavations profondes,
& selon qu'elles sont plus profondes, ajoute : « Il ne faut
» pas creuser bien avant pour trouver d'abord une chaleur
» constante , & qui ne varie plus, quelle que soit la tem-
» pérature de l'air à la surface de la terre. On fait que la
» liqueur du thermomètre se soutient toujours sensiblement

que quelques caufes locales ne modifient ce terme, foit en plus, foit en moins.

§. XX.   « Voilà donc, s'écrie M. Bailly, relativement à l'expérience de M. de Genfane, » voilà
» un fait qui dépofe encore de cette chaleur inté-
» rieure ; & , fans cette chaleur, comment y au-
» roit-il des volcans foûs la vafte étendue des mers ? »
Ibid.

RÉPONSE. Je conçois que dans la difette où
étoient les partifans du feu central, de faits vraiment propres à étayer leur hypothèfe, l'expérience
de M. de Genfane dut leur être fort agréable : mais
un fait unique n'en peut contredire des milliers. Et
quant aux volcans fous-marins, qu'on veut encore
ici rapporter au feu central, j'ai déja dit (§. XV.)
qu'il fuffifoit que de l'eau froide pût s'infiltrer ou
pénétrer jufqu'à des couches pyriteufes, pour y
exciter une fermentation qui, à l'aide des matières
bitumineufes, telles que les houilles ou charbons
de terre, &c. parviendroit bientôt à l'inflammation. Il peut donc y avoir fous terre, ainfi que
fous mer, des volcans, fans qu'il foit befoin, pour

» pendant toute l'année à la même hauteur dans les caves
» de l'Obfervatoire, qui n'ont pourtant que quatre-vingt-
» quatre pieds ou quatorze toifes de profondeur depuis le
» rez-de-chauffée : c'eft pourquoi l'on fixe à ce point la
» chaleur moyenne ou tempérée de notre climat. » *Differtation fur la Glace*, *ibid. page* 60.

leur premier développement, d'une chaleur plus
forte que celle qui peut tenir l'eau dans son état
de fluidité. Or, la chaleur souterraine ou sous-
marine de dix degrés au dessus du point de la congélation, est plus que suffisante pour cet objet. Il
est vrai que M. de Mairan (*ibid. pag. 65.*) attribue
l'origine des tremblemens de terre & des volcans à
*la rencontre fortuite du feu avec un air très-dense
par sa profondeur, & subitement enflammé dans les
cavernes souterraines.* Mais ce qu'il y a de plus sin-
gulier, c'est qu'il disoit cela d'après un Mémoire
postérieur de trois ans à la célèbre & belle expérience du volcan artificiel de Lémery, fait, comme
l'on sait, avec trois corps froids, le fer, le soufre
& l'eau (1).

§. XXI.   « Comment leur masse énorme (des

____

(1) Ce volcan réussit très-bien à petites doses. M. Sage
le prépare ordinairement avec demi-livre de limaille d'a-
cier, autant de fleurs de soufre & quatorze onces d'eau.
Il met, dans une assiette de terre vernissée, ce mélange,
dont la surface, lorsqu'on a employé les proportions sus-
dites, se trouve couverte d'environ deux lignes d'eau.
Cette eau ne tarde pas à s'absorber, sans que la chaleur
soit d'abord bien considérable ; mais elle s'accroît successivement au point de devenir assez forte pour enflammer
le soufre, &c. *Voyez ses Elémens de Minéralogie docimasti-
que, seconde édition, vol. I, pag. 42* ; & la comparaison
de cette expérience avec la décomposition des pyrites par
la voie humide, *dans les Lettres du Docteur Démeste, vol. II,
pag. 293 & suiv.*

» mers) ne feroit-elle pas gelée dans fa profon-
» deur ? On fait que les rayons du foleil n'y pénè-
» trent pas fort loin ; la température égale & mo-
» dérée des eaux, le prouve affez : mais à des pro-
» fondeurs plus grandes, entièrement inacceffibles
» aux traits de la lumière, les *eaux de la mer de-*
» *vroient être toujours glacées* (1), fi des feux en-
» core plus profonds ne les entretenoient dans
» leur état de liquidité. » *Ibid. pag. 298.*

---

(1) M. de Buffon dit précifément la même chofe ; écou-
tons fon éloquence perfuafive. « Cette chaleur intérieure
» de la terre nous eft *démontrée* par la température de l'eau
» de la mer, laquelle, aux mêmes profondeurs, eft à peu
» près égale à celle de l'intérieur de la terre. D'ailleurs,
» il eft aifé de prouver que la liquidité des eaux de la mer,
» en général, ne doit point être attribuée à la puiffance des
» rayons folaires, puifqu'il eft démontré, par l'expérience,
» que la lumière du foleil ne pénètre qu'à fix cents pieds à
» travers l'eau la plus limpide, & que par conféquent fa
» chaleur n'arrive peut-être pas au quart de cette épaif-
» feur, c'eft-à-dire, à cent cinquante pieds. Ainfi toutes
» les eaux qui font au deffous de cette profondeur *feroient*
» *glacées, fans la chaleur intérieure de la terre, qui feule peut*
» *entretenir leur liquidité.* Et de même il eft encore prouvé,
» par l'expérience, que la chaleur des rayons folaires ne
» pénètre pas à quinze ou vingt pieds dans la terre, puif-
» que la glace fe conferve à cette profondeur pendant les
» étés les plus chauds. *Donc il eft démontré qu'il y a au*
» *deffous du baffin de la mer, comme dans les premières cou-*
» *ches de la terre, une émanation continuelle de chaleur, qui*
» *entretient la liquidité des eaux, & produit la température de*
» *la terre.* » Epoq. de la Nat. p. 9 & 10, édit. in-4.

RÉPONSE. Quand une fois l'on s'est embarqué dans une fausse hypothèse, les assertions les plus gratuites ne coûtent rien pour la défendre. Quoi ! parce que les rayons du soleil n'atteignent pas le fond des mers, est-ce à dire pour cela que ce fond seroit glacé, sans le secours du feu central ? Ne suffit-il pas que ces eaux, de même que l'intérieur de la terre, également inaccessible au soleil, conservent, ainsi que l'expérience le prouve, la température de dix degrés au dessus du point de la congélation ? Les eaux de la mer, en raison du sel qu'elles contiennent, restent même fluides bien au dessous de ce point de la congélation. Est-il croyable, est-il possible que le feu central, qui n'a pas la force d'échauffer l'eau du fond des mers au même degré que leur surface (G), ait cependant la faculté d'entretenir ces mers dans leur état de liquidité ? La sphère d'activité que l'on suppose à la chaleur centrale, ne devroit-elle pas se manifester sur les eaux les plus profondes, avant que de se porter à celles de la surface ? Indépendamment de la température du globe & du sel qui s'oppose à la congélation de l'eau, lorsqu'elle en est chargée, ne suffit-il pas que la mer soit soumise au pouvoir des vents & aux mouvemens continuels de flux & reflux (1), pour

____

(1) « Lorsqu'une partie d'un fluide se meut, dit M. de
» Buffon, toute la masse du fluide se meut aussi. Or, dans
» le mouvement des marées, il y a une très-grande partie

ne pas geler dans les parties mêmes qui font inacceffibles aux rayons du foleil ? Il eft vrai que les
eaux des régions polaires font glacées ; mais quelle
en eft la caufe ? font-elles plus éloignées du centre
de la terre ou de la fphère d'activité du feu qu'on
y fuppofe, que les eaux de la zône torride ? Non
fans doute ; elles en font plus voifines au contraire,
fi la terre eft, comme on le croit, un fphéroïde
applati vers les pôles. Vous aurez beau dire que
la force centrifuge porte vers la torride la plus
grande partie de cette chaleur ; on n'en croira rien,
tant que l'on rencontrera à quinze ou vingt pieds
fous terre, dans les régions glacées du Nord (*H*),
la même température de dix degrés au deffus de
zéro, qu'on obferve à la même profondeur dans
les régions brûlées de l'Ethiopie. Convenez donc
enfin que l'énergie de votre feu central eft une
chimère, & reconnoiffez dans la pofition des pôles
relativement au foleil, & dans le peu de falure de
leurs eaux (1), la caufe des glaces accumulées qui
s'y rencontrent.

» de l'Océan qui fe meut fenfiblement : toute la maffe des
» mers fe meut donc en même temps, & les mers font
» agitées par ce mouvement dans toute leur profondeur. »
Hift. Nat. vol. I, pag. 430. « La force qui produit le flux
» & le reflux, dit-il ailleurs, eft une *force pénétrante* qui
» agit fur toutes les parties proportionnellement à leurs
» maffes. » *Ibid. p. 87.*

(1) Sous l'équateur & près des pays méridionaux, dit

§. XXII. « Je tirerai, pourfuit M. Bailly, une
» pareille conclufion de la terre même : comment,
» dans les climats les plus froids, ne feroit-elle pas
» gelée au-delà de cinq à fix pieds ? *Par-tout où*
» *l'eau pénètre, elle devroit fe convertir en glace,*
» par la rencontre des molécules terreufes qui
» n'ont jamais vu le foleil. » *Page* 299.

RÉPONSE. L'obfervation nous ayant appris que
la température du globe eft, par-tout où les caufes
extérieures n'ont aucun accès, de dix degrés au
deffus de la glace, il eft évident què, dans les
climats les plus froids, la terre ne peut être gelée
qu'à quelques pieds de profondeur, par le refroidiffement de l'atmofphère qui néceffite l'émiffion
des molécules ignées de la furface de la terre ;
mais ce refroidiffement de la furface ne s'étendant
qu'à quelques pieds de profondeur, le refte doit
jouir & jouit en effet de la température douce qui
lui eft propre. On peut donc affurer que l'eau qui

Wallérius, il y a plus de fel en pleine mer que vers les
pôles de la terre. *Hydrolog. page* 81. M. Ingen-Houfz obferve que dans la mer Baltique une livre d'eau contient
environ deux dragmes ($\frac{1}{64}$ de fon poids) de fel ; tandis que
celle qui fe trouve dans la mer entre la grande Bretagne
& les Provinces-Unies, en contient environ une demi-
once ; celle de la mer d'Efpagne, une once ; & celle
des mers entre les tropiques , une once & demie à deux
onces. *Expériences fur les Végétaux ; Paris , Didot , 1780,
pag. 284.*

aura pénétré fous cette croûte gelée, quoiqu'elle y coule fur des molécules terreufes qui n'ont jamais vu le foleil, n'y rencontrera jamais un degré de froid fuffifant pour la convertir en glace. C'eſt par la même raifon que nous avons vu (§. XVI.) que de la glace qui feroit portée à la même profondeur où l'eau ne peut geler, faute d'un degré de froid fuffifant, y reſteroit elle-même à l'état de glace, faute auffi d'un degré de chaleur fuffifant pour la réfoudre en eau (1).

(1) Ce que je dis ici mérite quelque explication ; car, dira-t-on, *l'on ne conçoit pas d'abord pourquoi la glace perfifte en fon état de glace , dans une température de 10 degrés au-deffus de zéro , qui paroît plus que fuffifante pour réfoudre en eau toute cette glace.* A cela je réponds , que fi l'on ne dépofoit dans une cave ou dans une glacière qu'une livre ou deux de glace , cette petite quantité feroit fans doute bientôt réduite en eau par les dix degrés de chaleur habituelle & conſtante qui fe rencontrent dans ces fouterrains; mais il n'en fera pas de même fi la quantité de glace ou de neige eſt fuffifante pour remplir la glacière.

En effet, les 10 degrés de chaleur qui s'y trouvoient d'abord , tendant toujours à fe mettre en équilibre avec les corps environnans , feront bientôt abforbés par la glace jetée dans cette glacière, glace qui , dans l'état où on la prend à la furface de la terre , poffède un froid de quelques degrés au deffous de zéro ou du terme de la glace , puifqu'on ne l'enlève pas d'ordinaire au moment où elle commence à fe former. Or , dans cet état , la glace peut abforber une partie des 10 degrés de chaleur de la glacière fans commencer à fe fondre , & la chaleur reſtante

§. XXIII. « D'où viennent , demande M.
» Bailly, ces eaux chaudes qui coulent dans le

---

est si foible, qu'elle peut à peine résoudre en eau la superficie du tas de glace. C'est pour prévenir les inconvéniens
qui pourroient résulter de cette legère fonte de la glace,
que ceux qui construisent une glacière ont soin de ménager
un puisard où s'écoule l'eau qui provient de cette fonte
superficielle. L'absorption complète des 10 degrés de chaleur portant alors la température de la glacière au terme
de la congélation , il n'est pas étonnant que cette glace s'y
conserve, & même assez long-temps dans son état de glace.

Au reste, il ne faut pas croire que cette glace que notre
industrie fait conserver & mettre à l'abri des chaleurs ex-
cessives de l'été, puisse résister ainsi plusieurs années à l'action lente, mais continuée de la température intérieure du
globe. Cette température tend , au contraire, à se rétablir
peu à peu dans la glacière; mais elle ne s'y rétablit en
effet qu'après la fonte totale & complète du noyau de
glace (J) ; car, tant que celui-ci subsiste, la chaleur qui
peut s'introduire dans la glacière est absorbée par la superficie du noyau, qui, par ce moyen, se résout très-lentement en eau.

Je suis donc bien éloigné de penser que la chaleur souterraine de 10 degrés au dessus de zéro , ne puisse à la
longue fondre entièrement une quantité donnée de glace ;
je dis seulement que cette glace résistant, de l'aveu même
des partisans du feu central, à l'action de la chaleur souterraine pendant un temps assez considérable , c'est un
argument sans réplique en faveur de ceux qui soutiennent
que cette chaleur intérieure du globe ne peut produire à
la surface de ce même globe les effets rapides & presque
instantanés qu'on lui attribue.

» Spitzberg, à quatre-vingts degrés de latitude ?
» *La fermentation ne peut expliquer ce phénomène ;*
» car nous avons dit qu'il n'y a point de fermen-
» tation où il n'y a point de chaleur. » *Ibid.*

RÉPONSE. Qui prouve trop, ne prouve rien. Si la chaleur des eaux thermales n'étoit pas le produit des caufes locales & particulières, (ce qui eft reconnu aujourd'hui des perfonnes mêmes les moins verfées dans la phyfique fouterraine), toutes les fources du globe devroient être chaudes. Car enfin, l'on ne conçoit pas pourquoi le feu central, qui auroit affez d'activité pour échauffer les eaux du Spitzberg, n'en auroit pas affez pour échauffer les fources de tout le monde entier. L'activité de ce feu, comme celle de tout autre, ne doit-elle pas s'étendre du centre à la circonférence ? & fes défenfeurs n'ont-ils pas prétendu que fon intenfité fe rendoit plus fenfible, à proportion qu'on avançoit davantage vers le centre du globe, quoique l'expérience démente encore cette affertion (1) ?

____

(1) Quoique M. de Mairan foutienne cette augmentation de chaleur, à mefure qu'on defcend vers le centre du globe, il dit qu'elle eft très-peu fenfible, & que » cette augmentation de chaleur, lorfqu'elle eft bien fen- » fible , eft plutôt l'effet des vapeurs fulfureufes, ou » des feux réels qui s'allument en ces endroits par le » conflit de l'air & de quelques autres circonftances lo- » cales, que du plus de proximité du foyer central. » *Ibid.* page 61.

Ils alloient même autrefois jufqu'à foutenir que, fans le feu central, nous n'aurions ni fources ni fontaines ; que c'étoit ce feu qui élevoit les eaux fouterraines en vapeurs, lefquelles, condenfées par le chapiteau des montagnes, en fortoient en ruiffeaux, &c. Mais l'évaporation reconnue des eaux de la furface, a encore fuffi pour ruiner cette hypothèfe : tant il eft vrai que l'évaporation a été & fera toujours l'ennemie décidée du feu central ! A l'égard de la fermentation produite par le feul intermède de l'eau froide, on peut voir ce qui en a déja été dit dans la réponfe au §. XV.

§. XXIV.   « Lorfqu'il tombe de la neige après » des gelées, cette neige s'amaffe fur les champs » refroidis : tout eft glacé autour d'elle ; cependant » elle s'affaiffe, elle fe fond par deffous. Comment » la croûte extérieure & durcie réfifte-t-elle à la » chaleur du foleil, tandis que la furface intérieure » qui touche la terre, défendue par la couche en- » tière, éprouve affez de chaleur pour fe réfoudre » en eau ? Souvent la végétation fubfifte fous la » neige glacée : il eft même, dit-on, des plantes » qui y fleuriffent. La fource de cette chaleur, la » caufe de cette végétation, eft donc inhérente » à la terre ; *elle eft donc l'effet des émanations » centrales.* » Ibid. pag. 300.

RÉPONSE. Il faut être bien préoccupé en faveur d'une hypothèfe, pour hafarder de pareils rai-

fonnemens. Quoi ! l'on veut que les prétendues
émanations centrales, qui ne peuvent fondre en
été la glace à quinze ou vingt pieds fous terre,
aient néanmoins affez de force pour aller fondre en
hiver celle qui eft à la furface (1) ! Mais, qu'on ne
s'y méprenne pas, les fources abondantes que
fournit la fonte d'une partie des neiges & des glacières des hautes Alpes de la Suiffe, &c. ne font
point un effet de l'activité du feu central (*K*). Si
ces fources fortent le plus fouvent de deffous ces
amas énormes de glace qui fe prolongent dans les
vallées fous le nom de *glaciers*, il n'eft aucun
obfervateur qui n'ait remarqué que ces eaux font
dues, pour la plupart, à la fonte fuperficielle des
neiges & des glaces, par la chaleur du foleil d'été ;
&, quoique cette fuperficie fe regèle de nouveau

---

(1) Si les émanations centrales avoient quelque réalité,
il me femble qu'en hiver, où elles doivent être interceptées par une couche plus ou moins épaiffe de terre
durcie par le froid, le thermomètre des caves de l'Obfervatoire devroit indiquer plus de chaleur qu'en été où ces
mêmes émanations ont, dit-on, un libre cours à travers
les pores moins ferrés de la furface. Pourquoi donc le
thermomètre n'indique-t-il point ces viciffitudes, & fe
tient-il, hiver & été, au terme fixe de 10 degrés au deffus
de zéro ? Concluons qu'on ne peut admettre à la furface
de la terre l'énergie variable d'une chaleur centrale, permanente au même degré quelques toifes au deffous de
cette furface.

pendant la nuit, les parties fondues pendant le
jour se précipitant de toutes parts, & sur-tout par
les fentes du glacier, sur le sol incliné qui lui sert
de base, contribuent par leur volume & par leur
écoulement à la fonte de la masse inférieure &
intérieure du glacier. C'est donc ici, comme par-
tout ailleurs, la chaleur seule produite par le
soleil, & non celle de la terre, qui occasionne la
fonte des glaces; mais, passé un certain point d'élévation, l'atmosphère n'étant plus assez dense pour
produire de la chaleur par le choc des rayons solaires ($.III), les neiges & la glace demeurent
perpétuelles, & toute l'énergie du feu central est
incapable d'y exciter la plus légère liquéfaction (1).

Pour ce qui est de la neige qui s'amasse en hiver
sur nos champs, sa croûte extérieure & durcie,
loin de résister, comme l'avance M. Bailly, à la
chaleur du soleil, diminue d'une manière peu sensible, il est vrai, mais très-réelle, par l'évaporation
journalière qui s'en fait, lorsque la chaleur solaire
ne suffit pas pour la fondre. Quant à la fonte de

____

(1) « La terre, dans les temps de gelée durable, dit le
» docteur Godard, est sèche, poudreuse, reste telle,
» quoique présentée au feu, & cependant elle devient
» boueuse, *dès que le soleil commence à échauffer le terrain;*
» l'absorption de l'eau dans les lits inférieurs de la terre
» par le froid, sa répulsion vers les supérieurs par la
» chaleur, donnent une raison évidente de ce phénomène. »
Journal de Physique, *décembre 1779*, *pag. 487.*

la furface intérieure de cette même neige, elle
n'a rien qui nous oblige à recourir aux émanations
du feu central pour en rendre raifon ; car, indépendamment du fumier porté, quelques mois auparavant, fur ces terres, & qui conferve fort long-
temps fa chaleur, ignore-t-on que la végétation
ne peut fe faire fans mouvement, & qu'aucun mouvement ne peut avoir lieu fans un certain degré
de chaleur (§. I.) ? La chaleur foible qui réfulte
de la fermentation du fol où des plantes végètent,
ou jouiffent de la quantité de mouvement qui leur
eft propre, eft donc ici fuffifante pour produire la
légère fonte des couches inférieures de la neige ;
mais quand on renonceroit à toutes ces caufes,
l'action feule de l'air fouterrain, moins froid que
l'air extérieur, & qui, long-temps concentré,
s'échappe & vient frapper la neige, fuffiroit peut-
être à la rigueur, ainfi que l'obferve un Phyficien (1), pour en expliquer la diffolution. Auffi
peut-on remarquer qu'une pareille fonte de la
neige n'a point lieu (2) fur le pavé d'une cour

---

(1) M. l'Abbé Royou, dans fon Analyfe & Réfutation
des Epoques de la Nature, réimprimée fous ce titre : *Le
Monde de verre réduit en poudre ; Paris , Mérigot jeune ,
1780 , in-12.*

(2) On peut ajouter à l'obfervation de M. Gerhard,
rapportée ci-deffus pag. 44, note 1, les deux fuivantes
de M. Meffier : « Le 2 février 1776, le dégel commença à
» fe manifefter ; le 3 au matin, il fut bien décidé. Malgré

E

ou fur une pierre nue, dépourvue de végétaux,
ni même fur du bois fec & mort, à moins cependant que cette neige n'y fût tombée avant l'en-
tière diffipation, dans l'atmofphère, des molécules
de feu dont cette pierre ou ce bois s'étoient
imprégnés par une chaleur antécédente; car alors
ces parties de feu, qui tendent fans cefte à fe
mettre en équilibre, pafferoient bientôt de la pierre
ou du bois dans la neige, & celle-ci fondroit par
ce moyen, comme il arrive aux grains de grêle
qui tombent l'été fur le fol échauffé de nos villes.
À cette confidération de M. Bailly, M. de Buffon
en ajoute une autre.

§. XXV. « Tout le monde, dit-il, a remarqué
» dans le temps des frimats, que la neige fe fond
» dans tous les endroits *où les vapeurs de l'intérieur*
» *de la terre ont une libre iffue*, comme fur les
» puits, les acqueducs recouverts, les voûtes, les

» le dégel, *la terre ou le pavé geloit encore fur le champ l'eau*
» *qu'on y jetoit.* Le 4 après midi, dit encore M. Meffier,
» je paffai aux Thuileries; le jardin ne préfentoit qu'une
» nappe d'eau fur la neige qui étoit devenue dure & com-
» paĉte, ayant été foulée aux pieds & durcie pendant tout
» le temps de la gelée: *c'étoit la furface qui fe dégeloit; la*
» *terre encore trop froide confervoit la neige.* » Mém. de l'Acad.
1776, pag. 41 & 62. Que deviennent ici les émanations
centrales ? On ne dira pas dans ce dernier cas qu'elles
furent interceptées par le pavé.

» citernes, &c. tandis que fur tout le refte de l'ef-
» pace où la terre, refferrée par la gelée, *inter-*
» *cepte ces vapeurs* (1), la neige fubfifte & fe gèle
» au lieu de fondre. *Cela feul fuffiroit*, ajoute cet
» illuftre Auteur, *pour démontrer que ces émana-*
» *tions de l'intérieur de la terre ont un dégré de*
» *chaleur très-réel & fenfible.* » Epoq. de la Nat.
pag. 10.

RÉPONSE. Il fuffit de répondre ici à M. de Buffon,
que ces émanations de chaleur n'ont lieu dans les
endroits qu'il cite, que par la fomme de mouvement (L) qui réfulte de ces *fources*, de ces *courans
d'eau*, &c. Si cet effet provenoit, comme le penfe
M. de Buffon, des émanations du feu central, ce
même feu, ces mêmes vapeurs, auroient fans doute
auffi le pouvoir d'échauffer en hiver l'eau de nos
puits (2), de fondre en été la glace de nos glacières, &c. &c. Il s'en faut donc de beaucoup
que de pareils faits démontrent l'énergie du feu
central.

§. XXVI. « L'égalité des étés dans toutes les

---

(1) Voyez dans la note de la page 63 ce qui arriveroit
dans les caves de l'Obfervatoire dans le cas où la terre,
refferrée par la gelée, intercepteroit ces prétendues vapeurs.

(2) M. Meffier dit que dans le grand froid de 1776, des
puits gelèrent. Il en cite un de 9 pieds de profondeur, la
margelle de 3, dont la glace avoit 2 pouces $\frac{1}{2}$ d'épaiffeur.
Mém. de l'Acad. *ibid.* pag. 59.

» régions de la terre, dit encore M. Bailly, eſt un
» phénomène non moins remarquable , *& une*
» *preuve non moins concluante.* On éprouve à Pé-
» tersbourg, en Suède, à Paris, une chaleur égale
» à celle de la zône torride. La ſeule différence,
» & elle eſt très-grande ſans doute pour le corps
» humain, c'eſt qu'ici elle eſt paſſagère, & que
» là elle eſt habituelle ; c'eſt ſa durée qui la rend
» inſupportable. Comment, Monſieur, la chaleur
» n'eſt pas plus grande, les thermomètres ne s'élè-
» vent pas plus dans cette zône brûlée où le ſoleil
» eſt continuellement à plomb ſur les têtes, que
» dans nos climats qu'il ne regarde qu'oblique-
» ment! Il faut donc *en conclure que la terre a en*
» *réſerve un fonds de chaleur, qui eſt le même pour*
» *tous les climats & pour tous les hommes.* » Ibid.
page 301.

 RÉPONSE. Cette preuve qui paroît triomphante
à M. Bailly pour ſon hypothèſe, ne lui eſt pas ſi
favorable qu'il le penſe ; c'eſt au contraire un fait
qui a déja trouvé ſon explication naturelle dans
ce que j'ai dit précédemment (aux §. X, XI &
XII)., ſur les effets naturels de l'évaporation. Qui
ne voit en effet que la maſſe de chaleur produite
par la direction perpendiculaire du ſoleil dans la
zône torride , eſt continuellement amortie, com-
penſée non-ſeulement par une évaporation plus
conſidérable, & proportionnée à la force & à la
perpendicularité des rayons ſolaires dans ces cli-

mats, mais encore par le moindre féjour journa-
lier de cet aftre fur l'horizon , puifque les nuits y
font conftamment égales aux jours, tandis que
dans la faifon dont il s'agit, nos zônes tempérées
ont deux tiers de jour & plus fur un tiers de nuit ?
Or on conviendra fans doute, que cette longueur
plus confidérable des nuits dans la zône torride ,
doit contribuer à en tempérer la chaleur.

De plus, on n'ignore pas que dans cette même
zône torride les pays boifés ou arrofés par beaucoup d'eaux, ont une chaleur inférieure à celle des
pays découverts (1) , fecs & fablonneux. Ces vérités font fi connues du célèbre aftronome que
j'ofe ici combattre, que je ne puis concevoir comment elles lui ont échappé (2). N'eft-il pas infi-

---

(1) M. le Comte de Buffon , parlant des forêts de la
Guyane, fous la zône torride, obferve très-bien que les
arbres y font « fi preffés, fi ferrés les uns contre les autres ,
» que leurs cimes entrelacées laiffent à peine paffer la
» lumière du foleil , & fous leur ombre épaiffe entretien-
» nent *une humidité fi froide , que le voyageur eft obligé d'al-*
» *lumer du feu pour y paffer la nuit* ; tandis qu'à quelque
» diftance de ces fombres forêts , *dans les lieux défrichés ,*
» *la chaleur exceffive pendant le jour eft encore trop grande*
» *pendant la nuit.* » Epoq. de la Nat. pag. 210 & 211 , édit.
in-4°.

(2) L'Auteur de l'ouvrage fur la Population de l'Amérique , que j'ai déja cité, parlant des ferres chaudes, & des
précautions employées par nos Botaniftes pour conferver

niment plus simple de reconnoître que la seule
évaporation peut causer cette égalité de chaleur
des étés dans des climats aussi opposés , que de
vouloir expliquer ce phénomène , en suppofant à
la terre un fonds de chaleur en réferve , qui ne
s'accorde point avec les loix connues de la Nature,
& qui , malgré toute l'énergie qu'on lui suppofe
à l'extérieur, ne se manifefte pas même senfible-
ment à quinze ou vingt pieds fous terre ?

§. XXVII. « Le diftributeur des dons nécef-
» faires de l'Etre suprême, *ne doit pas être le soleil ;*
» il difpenfe trop inégalement ses regards & fes
» rayons. Le mouvement effentiel à la vie *ne dé-*
» *pend pas de lui ; la source en eft placée dans la*
» *terre même* , pour qu'il se répande avec égalité
» dans toutes les parties du monde. » *Ibid. p.* 302.

RÉPONSE. En ce cas, que M. Bailly nous dife
donc pourquoi la source de ce mouvement effentiel à la vie n'arrive point jufqu'aux pôles , puifque , suivant lui, la terre eft chargée de le difpenfer
avec tant d'égalité. Pourquoi le pôle auftral , placé
dans un hémifphère où il y a si peu de terre con-

---

dans nos climats les plantes des pays chauds , se fait cette
queftion : « Eft-ce le feu central qui agit avec plus de force
» dans la zône torride que chez nous ? où eft-ce le soleil?
» *Il n'y a* , répond-il, *qu'un Philofophe qui puiffe douter du*
» *dernier.* » Tom. I, pag. 451.

tinentale propre à abſorber la chaleur produite à
ſa ſurface par les rayons ſolaires, ſe trouve-t-il
avoir quatre fois plus de glaces que le pôle boréal,
qui, comme l'on ſait, a plus de continens que de
mers dans ſon hémiſphère ? Pourquoi la chaleur
ſuppoſée *centrale* ne s'étend-elle pas également à
tous les points de la circonférence ? En vérité,
c'eſt s'aveugler ſoi-même, que de méconnoître
dans tout ceci l'influence des rayons ſolaires, qui
ſeuls nous vivifient. Par exemple, la propriété qu'a
la chaleur de ſe combiner avec l'eau, & de ſe
volatiliſer avec ce fluide ſous forme de vapeurs,
tandis que cette même chaleur eſt au contraire
retenue par les corps ſolides qu'elle pénètre (*M*),
ne donne-t-elle pas la vraie ſolution du problême
propoſé ſur la différente température des deux
hémiſphères ? L'illuſtre Comte de Buffon convient
lui-même que cette quantité de glaces, plus conſidérable au pôle auſtral qu'au pôle boréal, provient
de deux cauſes étrangères, ſuivant moi, à toute
l'énergie ſuppoſée du feu central (1).

______

(1) » La première, dit-il, eſt le ſéjour du ſoleil, plus
» court de ſept jours trois quarts par an dans l'hémiſphère
» auſtral que dans le boréal; la ſeconde & plus puiſſante
» cauſe, eſt la quantité de terres infiniment plus grande
» dans cette portion de l'hémiſphère boréal, que dans la
» portion égale & correſpondante de l'hémiſphère auſtral ...
» enſorte, continue-t-il, que cette grande zône auſtrale
» étant entièrement maritime & aqueuſe, & la boréale

§. XXVIII.   « Si vous voulez donner le nom de
» fyftême à *cette belle découverte*, ce fera un fyftême
» *comme celui de la gravitation univerfelle ;* fans être
» téméraire, nous pouvons peut-être les regarder
» *comme deux vérités.* On peut dire au moins que
» les variations de la température font les mêmes,
» que s'il y avoit dans le fein de la terre un fonds
» de chaleur conftant, étranger au foleil, *& dont*
» *l'intenfité fût infiniment plus confidérable que celle*
» *du produit de fes rayons....* La fortune des *vérités*
» eft plus durable, mais plus lente que celle des
» erreurs. L'Auteur de ces vérités (M. de Mairan),
» eft tranquille; *il a gravé fur le bronze, il ne craint*
» *point la main du temps.* » Ibid. pag. 202 & 203.

RÉPONSE. Si les remarques que je viens de
préfenter fur ce fyftême ont quelque folidité, je
laiffe à juger au lecteur, fi M. Bailly eft fondé à
l'élever au rang des premières vérités, & à le mettre
en parallèle avec le fyftême immortel de la gravitation univerfelle.

§. XXIX.   « La chaleur centrale, continue-t-il,
» eft une caufe fecrette & jufqu'ici inconnue, qui

» prefque entièrement terreftre, il n'eft pas étonnant que le
» froid foit beaucoup plus grand, & que les glaces occu-
» pent une bien plus vafte étendue dans ces régions auf-
» trales que dans les boréales. » *Epoq. de la Nat.* pag. 608 ,
in-4°.

» ne se manifeste pas à nos sens (1), comme la
» chaleur du soleil. Comment persuader aux hom-

---

(1) « Il paroît, dit M. de Buffon, que l'on doit recon-
» noître *deux sortes de chaleur*, l'une *lumineuse*, dont le
» soleil est le foyer immense, & l'autre *obscure*, dont le
» grand réservoir est le globe terrestre. Notre corps, comme
» faisant partie du globe, participe à cette chaleur obscure ;
» c'est par cette raison qu'étant obscure par elle-même,
» c'est-à-dire, sans lumière, *elle est encore obscure pour nous ,*
» *parce que nous ne nous en appercevons par aucun de nos sens.*
» Il en est de cette chaleur du globe comme de son mou-
» vement ; nous y sommes soumis , nous y participons
» *sans le sentir & sans nous en douter.* De-là il est arrivé que
» les Physiciens ont porté d'abord toutes leurs recherches
» sur la chaleur du soleil , sans soupçonner *qu'elle ne faisoi t*
» *qu'une très-petite partie de celle que nous éprouvons réelle-*
» *ment :* mais ayant fait des instrumens pour reconnoître
» la différence de chaleur immédiate des rayons du soleil
» en été, à celle de ces mêmes rayons en hiver, ils ont
» trouvé *avec étonnement,* que cette chaleur solaire est en
» été soixante-six fois plus grande qu'en hiver dans notre
» climat , & que néanmoins la plus grande chaleur de
» notre été ne différoit que d'un septième du plus grand
» froid de notre hiver : d'où ils ont conclu , *avec grande*
» *raison,* qu'indépendamment de la chaleur que nous rece-
» vons du soleil , *il en émane une autre du globe même de la*
» *terre , bien plus considérable, & dont celle du soleil n'est*
» *que le complément ; ensorte qu'il est aujourd'hui démontré que*
» *cette chaleur qui s'échappe de l'intérieur de la terre , est dans*
» *notre climat au moins vingt-neuf fois en été , & quatre cents*
» *fois en hiver , plus grande que la chaleur qui nous vient du*
» *soleil. . . .*

» mes , én hiver , lorfqué le froid les pénètre ,
» *qu'ils éprouvent une chaleur vingt-cinq fois plus*
» *grande que celle du foleil en été* ; & en été, lorf-
» que cet aftre les brûle , *qu'ils périroient de froid*,
» *s'ils n'étoient échauffés que par fes rayons ?* L'ex-
» périence trompeufe repouffe cette vérité. » *Ibid.*
page 203.

Réponse. Encore une fois , laiffons les hypothèfes , & venons au fait. Les hommes , abftraction faite du raifonnement , ne jugent de la chaleur
que par l'impreffion qu'elle peut faire fur leurs
fens. Or , comme nous l'avons déja remarqué
(Note fur le §. XII), dans les élémens du calcul
hypothétique, qui donne pour réfultat cette chaleur d'hiver vingt-cinq fois plus grande que celle

---

» Cette grande chaleur qui réfide dans l'intérieur du
» globe, qui fans ceffe en émane à l'extérieur , *doit entrer*
» *comme élément dans la combinaifon de tous les autres élémens.*
» Si le foleil eft le PÈRE de la Nature, cette chaleur de la
» terre en eft la MÈRE.... Cette chaleur intérieure du
» globe , qui tend toujours du centre à la circonférence ,
» & qui s'éloigne perpendiculairement de la furface de la
» terre , eft, à mon avis , un *grand agent de la Nature.*
Introd. à l'Hift. des Minéraux , *Part. I* , pag. 32-35 *de*
l'in-4°.

Je confens à regarder avec M. de Buffon la chaleur de
la furface du globe , comme un grand agent de la Nature ,
pourvu qu'il reconnoiffe avec moi, que cette chaleur ne
nous vient pas d'ailleurs que du foleil, comme je crois
l'avoir démontré par tout ce qui précède.

du foleil en été, il ne faut pas perdre de vue qu'on a fait entrer en ligne de compte *mille degrés de chaleur*, qui font abfolument nuls pour nos fens, ou plutôt qui, étant infiniment au deffous du degré de mouvement néceffaire à la vie animale, feroient, s'ils pouvoient être fentis, un exceffif degré de froid. Il y a plus, c'eft que, abftraction faite de nos fenfations, ces mille degrés de chaleur fuppo-fés, font en quelque forte chimériques, puifque le premier terme de cette chaleur fuppofée eft le *froid abfolu*, qui n'exifte pas dans la Nature (*Rép.* au §. IX). Il n'eft donc pas vrai que les hommes, lorfque le froid les pénètre, *éprouvent*, c'eft-à-dire, *aient le fentiment* d'une chaleur vingt-cinq fois plus grande que celle du foleil d'été. C'eft donc bien gratuitement que M. Bailly conclut ainfi.

§. XXX. « On croit fentir que le foleil eft la » fource unique de la chaleur & de la vie : auffi les » hommes reconnoiffans fe font-ils profternés de-» vant lui. L'Auteur de la lumière (*& de la chaleur* » *quoi qu'en dife M. Bailly*) fut le premier Dieu » de l'univers. Tous les Guèbres ne font pas en » Afie ; les adverfaires de M. de Mairan font en-» core les *Adorateurs du feu célefte.* » Ibid. p. 304.

Je ne fais fi mes raifonnemens auront la force de ramener un aftronome auffi diftingué & auffi plein de mérite que M. Bailly, au culte d'une divinité dont il étoit fait pour défendre les droits plutôt que pour les combattre. Mais, en attendant, je puis lui protester que les siens n'ont pu me faire ranger au nombre des *Adorateurs du feu central*, & que je persiste à regarder le soleil comme la source unique de la chaleur & de la vie sur la superficie du globe que nous habitons. Je ne suis, il est vrai, ni Astronome ni Guèbre, mais je n'en sens pas moins tout ce que nous devons à l'astre bienfaisant qui nous éclaire.

Concluons. Le fluide de la lumière n'est point un être simple, les différentes couleurs du prisme suffisent pour le démontrer; or l'état actuel de nos connoissances nous porte à considérer ce fluide comme un véritable phosphore analogue à celui que nous préparons, lequel n'étant point chaud par lui-même (1), c'est-à-dire, n'excitant point

____

(1) » Il n'est point encore bien prouvé, dit le Docteur Pallas, » que le soleil brûle d'un feu assez violent, pour » que sa masse soit dans un état de fusion. « *Observat. sur la Format. des Montagnes*, pag. 14, *édit. de Paris.*

» Je ne dirai pas, dit M. Sénebier, que la lumière du » soleil soit chaude par elle-même : quelques expériences » me font croire *qu'elle n'occasionne de la chaleur qu'en se » combinant avec les corps qu'elle frappe.* » Journal de Phys. novembre, 1779, pag. 357.

» L'admission d'une chaleur propre & primitive, d'une » chaleur essentielle du soleil, ne m'a jamais paru, dit M. le Baron de Marivetz, » qu'une pure supposition, une » supposition absolument précaire, & d'autant plus à rejeter, » que, ne pouvant être ni vérifiée, ni démontrée

èn nous le fentiment de la *chaleur*, tant que fes parties conftituantes font dans les juftes proportions d'une combinaifon parfaite, le devient feulement par les circonftances, à l'inftant où ces parties réagiffent les unes fur les autres, par le choc ou l'affluence d'un principe homogène, répandu tant dans l'atmofphère, que dans les différens corps dont notre globe eft compofé.

En effet, tous les corps contiennent au moins l'un des deux principes conftituans de ce phofphore qui compofe le *fluide de la lumière* : ce fluide paroît même exifter tout entier dans les fubftances mé-

---

» par des obfervations & par des preuves directes, elle » pourroit influer long-temps fur nos idées phyfiques. » *Lett. à M. Sénebier, Journal de Phyf. janvier 1780.*

» Les rayons du foleil, dit M. Wallerius, nont ni feu » ni chaleur; & ce n'eft ni dans le foleil, ni dans fes » rayons, qu'on doit rechercher les principes matériels de » la chaleur & du feu, qui peuvent être excités par l'ac» tion des rayons folaires fur les corps fublunaires & notre » atmofphère. » *De l'Origine du monde, pag. 39 de la trad. françoife, édit. de 1780.*

» Depuis que j'ai obfervé ce phénomène (des neiges » & des glaces des hautes montagnes), dit M. de Luc, je » me fuis perfuadé, autant que d'aucun autre point de » phyfique fpéculative, que *les rayons du foleil ne font* » *point chauds, & qu'ils ne font caufe de chaleur, que par* » *leur pouvoir de mettre en action une caufe* (le fluide igné) » *réfidente dans notreglobe & fon atmofphère*, & qui eft ainfi » la caufe immédiate de la chaleur. » *Lett. fur l'Hiftoire de la Terre, &c. tom. V, feconde Part. pag. 530 & 531.*

talliques (1) ; mais en général, le phofphore, ou
fon acide, eft très-diverfement modifié ou com-
biné dans les différens corps, par l'adhérence plus
ou moins intime qu'il y a contractée, foit avec le
PRINCIPE AQUEUX, foit avec le PRINCIPE TER-
REUX.

De ces quatre principes primitifs & conftitutifs
de tous les corps, les deux qui, comme nous l'avons
dit, compofent le fluide de la lumière, font 1°.
l'ACIDE particulièrement défigné fous le nom de
phofphorique, lorfqu'il n'eft point modifié ; 2°. le
principe inflammable, autrement dit le PHLOGIS-
TIQUE.

Ces deux principes, une fois combinés dans les
corps, ou dans le fluide plus ou moins denfe qui
compofe notre atmofphère, prennent les noms de
matière ignée, de *fluide igné*, de *fluide électrique* ;
ils ne font pas le feu, mais ils le produifent & le
font naître toute les fois qu'ils font mis en activité,
foit par l'impulfion directe d'une nouvelle ou d'une
plus grande quantité de rayons folaires, foit par la
réaction ou fermentation des principes conftitutifs
des corps, ou enfin par tout autre mouvement
réfultant de l'affinité de ces principes avec ceux
qui leur font homogènes ; affinité fondée fur les
loix de l'attraction ou gravitation univerfelle.

---

(1) *Voyez* les Lettres du docteur Démefte au docteur
Bernard, fur la Chimie, la Docimafie, la Criftallographie,
la Lithologie, la Minéralogie & la Phyfique en général.
Paris, Didot, 1779, 2 vol. *in-12.*

Ce mouvement rapide & expanſif que nous appelons Feu lorſqu'il eſt conſidérable, & Cha-leur quand l'impreſſion qu'il cauſe ſur nos ſens eſt moins intenſe ou plus modérée, peut devenir ſi foible, qu'il échappe au ſens du toucher. Alors, ſi le principe aqueux ſe trouve joint aux deux autres principes qui le produiſent, ce mouvement eſt *lumineux ſans chaleur*, comme on le voit dans les bois pourris, les écailles de poiſſon, & quantité d'autres phoſphores naturels, qui ceſſent d'être lumineux lorſqu'ils ſe deſſèchent.

Si le mouvement que nous appelons *feu*, devenu plus conſidérable, eſt encore accompagné du principe aqueux, il affecte alors & l'organe du toucher & celui de la vue, ſous la forme de *vapeur*, de *fumée*, de *flamme*; & celle-ci ſera d'autant plus brillante, que le mouvement ſera plus intenſe, & le reſte de l'eſpace ambiant moins éclairé.

Enfin, ſi ce mouvement que nous appelons *feu*, vient à perdre la portion d'humidité convenable pour former la *flamme* & même l'*incandeſcence*, ce qui arrive toutes les fois qu'il eſt privé d'air ou noyé par l'eau, il ceſſe d'être *feu*, n'eſt plus qu'une *chaleur* plus ou moins intenſe, & qui diminue d'autant plus rapidement, que le milieu ou les corps environnans ſont plus refroidis, & conſéquemment plus propres à s'emparer de ce fluide igné.

La *chaleur*, le *feu*, & même la *lumière*, abſtraction faite de ce qui les produit, ne ſont donc

point des êtres ou des fubftances particulières,
mais le *mouvement* confidéré en tant qu'il échauffe,
qu'il brûle, qu'il éclaire, qu'il détruit, qu'il produit & qu'il modifie les différens corps foumis à fon
action. Ce mouvement plus ou moins rapide, peut
être alimenté, entretenu, accéléré, ralenti par
différentes caufes, mais non entièrement détruit,
parce qu'il eft un effet de l'action & de la réaction
des parties effentiellement diverfes de la matière
les unes fur les autres. Auffi le *feu* ou la *chaleur*
font-ils toujours proportionnés à la quantité de
mouvement dont les corps exiftans font fufceptibles; quantité bornée par leur nature, & qui,
de même qu'elle ne peut s'accroître à l'infini, ne
pourroit totalement ceffer que par l'anéantiffe-
ment des corps mêmes, mais qui fubfiftera tant
que ces corps & la matière qui les compofe obéi-
ront aux loix de la gravitation que leur a impofées
le Créateur.

Ce mouvement, ce feu, cette chaleur, tend
toujours à fe mettre en équilibre, c'eft-à-dire,
à paffer des corps qui en contiennent le plus,
dans ceux qui en contiennent le moins; admi-
rable harmonie! qui entretient la Nature vivante:
mais auffi, par un effet de cette même loi qui
la conferve, les fubftances organiques périffent &
fe diffolvent à l'inftant où elles viennent à perdre la
portion de ce feu néceffaire à leur exiftence (*N*).

FAITS DÉCISIFS,

OU

ADDITION AUX PREUVES DE FAIT

déja données contre l'hypothèse du Feu central.

(*A*) TEMPÉRATURE DES CAVES DE L'OBSER-
VATOIRE ROYAL DE PARIS. (*Extrait du Journal
de Physique*, décembre 1774, & *des Mém. de
l'Acad. des Sciences pour l'année 1776.*)

« Il vient de s'élever un doute sur un changement arrivé
» dans la température de ces caves. MM. Maraldi & Jeaurat
» ont observé à trente années de distance, & avec le
» même thermomètre à l'esprit-de-vin, le degré de la tem-
» pérature de ces caves, dont la profondeur depuis le
» rez-de-chaussée est de 85 pieds. Cette température en
» mars 1733, étoit, selon M. Maraldi, de.... 10 deg. $\frac{1}{4}$
» en mars 1773, elle étoit, selon M. Jeaurat, de 8 $\frac{1}{2}$
» c'est-à-dire, 1 degré $\frac{3}{4}$ plus froide en 1773 qu'en 1733,
» ce qui répond à une différence de 7 lignes sur le ther-
» momètre, dont on s'est également servi dans les deux
» différentes observations. Mais cette variation de tempé-
» rature a besoin d'être vérifiée de nouveau. L'*esprit-de-
» vin du thermomètre est devenu presque blanc*, & *peut-être
» sa graduation* ne répond-elle plus à 100 $\frac{1}{2}$ dans l'eau bouil-
» lante ; à 32 $\frac{1}{2}$ de la chaleur naturelle du corps humain ;
» à o dans l'eau qui gèle ; & à quinze au dessous de la con-
» gélation dans un mélange de deux parties de glace qui
» fond & d'une partie de sel marin ; ce qui produit à peu
» près le plus grand froid qu'on ait à Paris. »

Dans le volume des Mémoires de l'Académie royale

F

des Sciences pour l'année 1774, on lit une observation
de M. le Gentil, qui sembleroit confirmer celle de M.
Jeaurat. Car M. le Gentil, en 1759, avant de partir pour
les Indes, avoit observé sur trois thermomètres cette température, & l'avoit trouvée de 10 degrés ¼ environ. A
son retour, en 1773, par plusieurs observations, il ne la
trouva plus que de 9 degrés ½ dans un thermomètre, &
de 8 degrés ¾ dans un autre; ce qui, en prenant une
moyenne entre ces deux dernières observations, donne-
roit pour ces caves une température d'un degré ¼ plus
froide en 1773 qu'en 1759, ou en quatorze ans; tandis
qu'on n'a, par l'observation de M. Jeaurat, que 1 degré
¾ en quarante ans.

C'est dans la vue de terminer ces incertitudes, que M.
Messier, Astronome de la Marine, fit dans ces caves, en
1775 & 1776, de nouvelles expériences, dont on trouve
le détail dans les *Mém. de l'Acad. Roy. des Sciences pour
l'année 1776, pag. 43 & suiv.* & dont plusieurs de nos
Lecteurs seront bien aises de trouver ici le précis.

« Quelques Astronomes, dit M. Messier, soupçonnent
» que la température des caves de l'Observatoire royal a
» changé, & qu'elle varie suivant les différentes tempéra-
» tures du chaud & du froid : on a dit s'en être assuré par
» des observations. Cependant, l'Auteur anonyme (1) d'un
» thermomètre universel, rapporte, dans les *Acta Helve-
» tica, tom. III, Basileæ, 1758, pag. 27,* que la tempé-
» rature de la niche des caves de l'Observatoire royal,
» qui est de 84 pieds, *ne reçoit jamais la moindre variation
» dans quelque temps que ce soit.* C'est, ajoute M. Messier,
» *ce que j'ai vérifié bien des fois, tant en été qu'en hiver, avec
» les mêmes instrumens.*

____

(1) Cet Auteur est M. Micheli du Crest. L'observation faite à
Ardinghem, avec deux de ses thermomètres, est rapportée par M.
de Mairan, dans sa Dissertation sur la Glace, pag. 62.

» Et *vage* 30 des mêmes *Act. Helvet.* on lit : Par une
» obfervation faite le 17 juillet 1741, avec deux de mes
» thermomètres, dans une mine fituée à *Ardinghem*, entre
» Calais & Boulogne, dont la profondeur étoit de 447
» pieds de Roi (74 toifes $\frac{1}{2}$), on a trouvé que la tempé-
» rature de cette mine à cette profondeur, *étoit précifé-*
» *ment la même que celle des caves de l'Obfervatoire.* Cette
» expérience fut faite avec foin & intelligence. Par une
» autre obfervation faite à Salelle, près de Carcaffone,
» en 1741, & plufieurs fois réitérée en 1742, dans une
» grotte enfoncée fous plus de 60 toifes de marbre ou de
» terre au deffus, & jufqu'à 500 pas en avant, & dans les
» diverfes places de cette grotte, on a trouvé précifément
» le même degré de température que le précédent. »

» Mais on lit dans les Leçons de Phyfique de M. l'Abbé
» Nollet, tom. IV, pag. 134 : *Sur le témoignage de M.*
» *Caffini, les caves mêmes de l'Obfervatoire changent fenfible-*
» *ment : nous favons préfentement, à n'en plus douter, que cette*
» *température fouterraine n'eft point fixe comme il faudroit*
» *qu'elle le fût, & comme on l'a fuppofé long-temps.* Pour moi,
» dit M. Meffier, j'eftime que cette température EST TOU-
» JOURS LA MÊME, ou très-peu s'en faut, comme le
» prouve la table fuivante :

1775. { Jours du ther. aux caves. } { Caves de l'Hôt. de Clugny, 16 pieds de profond. } { Caves de l'Obf. royal, 84 pieds de profondeur. }

Nov. du   9 au 10 . . 9.9 { Avec les mêmes therm.
1776.   pour les deux caves,
Janv.   30 au 31 . . 4.0   quelques-uns ont donné
Fév.   31 au 1 . . 4.0 } une légère différence de
                        10 $\frac{1}{2}$ 10 $\frac{1}{3}$ & 10 $\frac{1}{4}$
       1 au 2 . . . . 10.0
       2 au 3 . . 5.6
       4 au 5 . . 5.3
       13 au 16 . . . . 10.0

(*B*) Refroidissement produit par l'Évaporation.

Le refroidiſſement cauſé par l'évaporation, eſt un fait établi par M. de Mairan lui-même (*Diſſert. ſur la Glace, Part. II, chap. 8 , pag. 250 & ſuiv.*) & ce fait eſt aujourd'hui connu de tous les Phyſiciens. *Voyez* la Diſſertation de M. Cigna, de l'Académie de Turin, ſur le froid produit par l'évaporation, & ſur quelques phénomènes analogues, *inſérée dans le Journal de Phyſique du mois de juillet 1772 , & dans les Mémoires de l'Académie de Turin, traduite en françois dans la Collection Académique, tom XIII de la partie étrangère, pag. 140 & ſuiv.*

« M. Euler, y eſt-il dit, a remarqué, & M. de Mairan
» avant lui, que ſi on arroſe la boule d'un thermomètre,
» non-ſeulement avec de l'eau, mais encore avec les au-
» tres liqueurs qui ſont au même degré de chaleur que l'air
» ambiant, la liqueur contenue dans le thermomètre baiſſe
» & continue de deſcendre juſqu'à ce que la boule ſoit
» sèche : & ſi on mouille de nouveau cette boule, la liqueur
» deſcend encore plus bas.

» Plus la liqueur avec laquelle on mouille la boule ſera
» volatile, (toutes choſes d'ailleurs égales), plus la liqueur
» contenue dans le thermomètre deſcendra. Cet abaiſſe-
» ment eſt beaucoup plus ſenſible dans le vide que dans
» l'air. »

» M. de Mairan, ajoute M. Cigna, conclut avec raiſon,
» d'après ces phénomènes, que l'abaiſſement de la liqueur
» du thermomètre dépend de l'évaporation ; que cette
» évaporation eſt accélérée par le vent ; qu'elle eſt plus
» conſidérable dans un air rare, puiſque la liqueur y deſ-
» cend plus bas, &c. » Enfin, M. Cigna conclut de pluſieurs
autres expériences qu'il faut lire dans le Mémoire même,

que ce n'eft pas l'air qui eft la caufe de l'évaporation , mais
plutôt la chaleur ou quelque autre action qui raréfie les
liqueurs. Voyez dans le *Journal de Phyfique du mois de feptembre 1780* , un Mémoire de M. Achard, de Berlin , *fur
le froid produit par l'évaporation.* Il en réfulte que ce froid
eft d'autant plus grand , que les matières foumifes à l'évaporation font plus volatiles; que les huiles font beaucoup
moins volatiles que l'eau chargée de différens fels ; que
celle-ci l'eft moins que l'eau diftillée pure ; & les eaux dif-
tillées moins que les vins & les liqueurs fpiritueufes ; &
que de tous les fluides , c'eft l'*éther vitriolique* qui eft le
plus volatil.

(C) EXTRAIT DES OBSERVATIONS DU FROID,

faites à Paris, à l'Obfervatoire de la Marine, hôtel de Clugny, en Janvier & Février 1776, par M. MESSIER, Aftronome de l'Acad. Royale des Sciences. *Mém. de l'Acad. ann. 1776.*

	Heures.	Degrés.	Vents.		
Janv. 9	Soir. 10½	— 0	N. E.	Ciel couv.	
10	S. 10½	— 2	N. E.	couvert.	
11	S. 9½ }	— 1¼ { S. E.		couvert.	1 pouc. 8 lig. de neig.
12	S. 11 }	— 0 { S. E.		couvert.	pluie & neige.
13	S. 11	— 1¼	N. E.	couvert.	brouillard & neige.
14	S. 10	— 3½	N. E.	couvert.	brouillard élevé.
15	S. 10	— 6	N. E.	en partie	ferein, & brouillard.
16	S. 10½	— 5½	N. E.	couvert	& un peu de foleil.
17	S. 11	— 7½	N. E.	couvert	en part. peu de vent.
18	S. 10½	— 3	N. E.	couvert	& brouillard élevé.
19	S. 11	— 9½	N. E.	ferein.	riv. comm. à charrier.

N. B. Cette dernière Obfervat. & les fuivantes ont été faites à 54 pi. du fol, à l'air libre & au N. E., haut. plus élevée de 34 pi. que la précédente, & qui donnoit 1 deg. un quart de froid de plus de différence. (*A un therm. placé au Nord, même élévation.*)

	Heures.	Degrés.	Vents.	*		
20	Soir. 11	—12	N. E.	* — 9½		brouillard élevé.
21	minuit ½	—10	N. E.	— 9½		ferein.
22	Soir. 11	— 2¼	S. E.	— 2½		peu de vent, nuag. rares.
23	S. 11	— 3	E.	— 3		couv. de brouillard.
24	S. 11	— 6½	N. E.	— 6½		ferein. } La rivière ne fut
25	S. 11	— 9	N. E.	— 9½		ferein. } prife & gelée au-
26	S. 9½	— 9	N. E.	— 8		ferein. } delà des ponts que
27	S. 9½	—13	N. E.	—12½		ferein. } la nuit du 24 au 25.
28	S. 11	—13	N. E.	—10½		ferein. } En 1709, le milieu de fon courant refta toujours libre.
29	minuit ½	—13	E.	à 7 h. ¼ du		matin, il étoit à — 16 degrés, & la rivière fumoit.
30	S. 9	—10¼	E.	—10		ferein.
31	S. 11	—12½	E	—11¾	*Suite du thermomètre expofé au Nord.	id. riv. fume le mat.
Fév. 1	S. 11	— 5	S. S. E. }			ferein, nuages rares.
2	S. 11	+ 3½	S. S. E. }			brouillard & nuages.
3	S. 11	+ 1¾	S. }			il dégèle lentement.
4	S. 10	+ 5½	S. S. O. }			il dégèle lentement.
5	S. 11	+ 6	S. S. O. }			il refte peu de neige.
6	S. 10½	+ 6	S. O.	pluie.		débâcle de la rivière.
7	S. 10¾	+ 5	S. O.	pluie.		il ne refte plus de neige.
8	S. 11	+ 6½	S. O.	pluie		& un peu de foleil.

Le plus grand froid a été le 29 janvier, à 7 heures ¼ du matin, à 16 deg. au deffous de 0. À Pétersbourg, le plus grand froid fut le 18 janvier, matin, à 26 degrés 7/10 au-deffous de 0.

Les obſervations qui précèdent, & qu'on pourroit multiplier à l'infini, prouvent que le froid ou la chaleur que nous éprouvons à la ſurface de la terre, ne ſont point un effet du feu central, mais qu'en général ils ſuivent le cours des vents, puiſque auſſitôt que les vents du ſud ſuccèdent aux vents du nord, le thermomètre monte, & qu'il baiſſe dans le cas contraire. On obſerve auſſi que dans une forte gelée & par un beau ſoleil, il ſe trouve une différence d'environ 15 degrés entre un thermomètre expoſé à l'ombre & un autre expoſé aux rayons du ſoleil, de manière que celui qui eſt dans l'ombre marque, par exemple, $-11-10-9-8-7-6-5$, tandis que celui qui reçoit les rayons ſolaires, eſt à $+4 +5 +6 +7 +8 +9 +10$, &c.

Mais une preuve bien évidente que la chaleur ne nous vient pas des émanations centrales, c'eſt qu'au dégel l'atmoſphère ſupérieure eſt beaucoup plus chaude que celle qui eſt à une moyenne diſtance au-deſſus de la terre où le froid a pénétré, & qui ſe conſerve en terre par la gelée, les neiges & la glace. Pour connoître cette différence de température, à deux hauteurs différentes, M. Meſſier a placé à la hauteur de 54 pieds au deſſus du rez-de-chauſſée, & au nord-eſt un thermomètre, & un autre à la hauteur ſeulement de 20 pieds. En voici les réſultats.

	à 54 pieds. 1er. therm.	à 20 pieds. 2e. therm.
1776. Février 1. ſoir. 11 h.	-5	$-7.$
2. mat. 7 $\frac{1}{4}$	$-4 \frac{3}{4}$	$-7.$
ſoir. 11	$+3 \frac{3}{4}$	$-0.$
3. mat. 7 $\frac{1}{2}$	$+0 \frac{1}{2}$	$-1.$
ſoir. 11	$+1 \frac{3}{4}$	$-1.$
4. mat. 7 $\frac{1}{2}$	$+2 \frac{3}{4}$	$+1\frac{1}{3}$

Après les obſervations du froid, le même Phyſicien, le 5 février à 10 heures du matin, mit dans de la neige fondante les thermomètres qui avoient servi à mesurer le froid ; il les y laissa jusqu'au lendemain 6 heures du matin: ils donnèrent tous le terme de la glace. Ce n'étoit donc pas de l'intérieur de la terre que provenoient les degrés de chaleur au dessus de 0, observés les 3 jours précédens ; ce qu'il falloit démontrer.

On a remarqué que, lorsque le thermomètre passe 10 degrés de froid, & qu'il y a du soleil, les eaux de la rivière (la Seine) fument. C'est une évaporation condensée par le froid.

(*D*) QUANTITÉ DE L'ÉVAPORATION.

J'ai dit qu'en été l'évaporation, & conséquemment la dissipation de la chaleur, étoit au moins six fois plus grande qu'en hiver. Pour ne laisser aucun doute sur cette assertion, il est à propos de mettre ici sous les yeux du lecteur, un extrait des observations météorologiques faites à Montmorenci par le P. Cotte de l'Oratoire, & insérées dans le Journal de Médecine de 1778 & années suivantes.

Novembre	Plus grand degré de chaleur,	14 deg.
1777	Moindre degré de chaleur,	—1 $\frac{1}{8}$
	Différence,	15 $\frac{1}{8}$
	Quantité de pluie,	11 lig.
	d'évaporation,	15
	Différence,	4

Température douce & humide.

Décembre. Plus grand degré de chaleur, $8\frac{1}{4}$ deg.
          Moindre degré de chaleur ,   —6

              Différence , $14\frac{3}{4}$

          Quantité de pluie ,   22 lig.
                  d'évaporation ,   8
              Différence ,   14

        Température humide & très-froide.

Janvier. Plus grand degré de chaleur ,   8 deg.
1778.   Moindre degré de chaleur ,   —$5\frac{5}{8}$

              Différence , $13\frac{5}{8}$

          Quantité de pluie , $30\frac{1}{4}$ lig.
                  d'évaporation   7
              Différence , $23\frac{1}{4}$

        Température froide & humide.

Février. Plus grand degré de chaleur , $7\frac{3}{8}$ deg.
          Moindre degré de chaleur ,   —3

              Différence , $10\frac{1}{8}$

          Quantité de pluie , $20\frac{1}{4}$ lig.
                  d'évaporation ,   6
              Différence , $14\frac{1}{4}$

        Température froide & humide.

Mars.

Plus grand degré de chaleur, $12 \frac{3}{8}$ deg.

Moindre degré de chaleur, $-1 \frac{1}{4}$

Différence, $13 \frac{5}{8}$

Quantité de pluie, $13 \frac{1}{4}$ lig.

d'évaporation, 27

Différence, $13 \frac{3}{4}$

Température froide & humide.

Avril.

Plus grand degré de chaleur, 19 deg.

Moindre degré de chaleur, -0

Différence, 19

Quantité de pluie, 17 lig.

d'évaporation, 53

Différence, 36

Température variable très-chaude & très-sèche.

Mai.

Plus grand degré de chaleur, $17 \frac{3}{4}$ deg.

Moindre degré de chaleur, $5 \frac{1}{2}$

Différence, $12 \frac{1}{4}$

Quantité de pluie, $19 \frac{3}{4}$ lig.

d'évaporation, 55

Différence, $35 \frac{1}{4}$

Température variable, mais, en général, froide & humide.

Juin.	Plus grand degré de chaleur,	23 $^{\text{deg.}}$
	Moindre degré de chaleur,	5 ¾
	Chaleur moyenne,	13.9
	Quantité de pluie,	17 ½ $^{\text{lig.}}$
	d'évaporation,	68
	Différence,	50 ½

Température variable, froide & humide d'abord, chaude & sèche ensuite.

❧

Juillet.	Plus grand degré de chaleur,	25.5 $^{\text{deg.}}$
	Moindre degré de chaleur,	10.0
	Chaleur moyenne,	16.1
	Quantité de pluie,	23 ½ $^{\text{lig.}}$
	d'évaporation,	84
	Différence,	60 ½

Température sèche, & très-chaude.

❧

Août.	Plus grand degré de chaleur,	24.0 $^{\text{deg.}}$
	Moindre degré de chaleur,	7.5
	Chaleur moyenne,	16.9
	Quantité de pluie,	1 ¼ $^{\text{lig.}}$
	d'évaporation,	110
	Différence,	108 ¾

Température très-chaude & très-sèche.

❧

Septembre.	Plus grand degré de chaleur,	17.4 deg.
	Moindre degré de chaleur,	3.0
	Chaleur moyenne,	11.1
	Quantité de pluie,	19 $\frac{3}{10}$ lig.
	d'évaporation,	51
	Différence,	31 $\frac{7}{10}$

Température douce & sèche, en général.

Octobre.	Plus grand degré de chaleur,	16.0 deg.
	Moindre degré de chaleur,	—0.1
	Chaleur moyenne,	7.7
	Quantité de pluie,	40 $\frac{1}{2}$ lig.
	d'évaporation,	21
	Différence,	19 $\frac{1}{2}$

Température très-variable, en général froide & très-humide.

RÉSULTATS GÉNÉRAUX.

Evaporation de 1777 à Montmorenci.

Janvier	3 lig.	Juillet		53 lig.
Février	9	Août		70
Mars	31	Septembre		52
Avril	50	Octobre		29
Mai	39	Novembre $\Big\}$ 1776	$\Big\{$	23
Juin	65	Décembre		8
	197 lig.			235 lig.
	ou 16 pouces $\frac{5}{12}$			ou 19 pouces $\frac{7}{12}$

Total de l'année 432 lignes ou 36 pouces.

Evaporation des 4 mois d'été, 227 lignes ou 18 pouc. $\frac{11}{12}$ moitié du total ; & sextuple des quatre mois d'hiver.

Evaporation de 1778 au même lieu.

Janvier	7 lig.	Juillet	84 lig.
Février	6	Août	110
Mars	27	Septembre	51
Avril	53	Octobre	21
Mai	55	Novembre ⎫ 1777 ⎧ 15	
Juin	68	Décembre ⎭ ⎩ 8	

216 lig.   289 lig.
ou 18 pouces.   ou 24 pouces $\frac{1}{12}$

Total de l'année, 505 lignes ou 42 pouces 1 ligne.

L'évaporation des 4 mois d'été eſt double de celle des 4 mois d'automne & de printemps, & décuple de celle des 4 mois d'hiver.

Evaporation de 1779 au même lieu.

Janvier	15 lig.	Juillet	68 lig.
Février	10	Août	65
Mars	39	Septembre	39
Avril	63	Octobre	26
Mai	53	Novembre ⎫ 1778 ⎧ 16	
Juin	58	Décembre ⎭ ⎩ 14	

238 lig.   228 lig.
ou 19 pouces $\frac{10}{12}$ ou 19 pouces.

Total de l'année, 466 lig. ou 38 pouces $\frac{10}{12}$. L'évaporation des 4 mois d'été eſt de 20 pouces $\frac{4}{12}$, c'eſt-à-dire, plus de moitié de celle des huit autres mois.

M. d'Obſon, d'après l'obſervation faite pendant 4 années (1772—73—74—75) de l'évaporation à Liverpool, dit que l'évaporation annuelle y eſt de 36 pouces. *Journal de Phyſique, février 1778, pag. 82.*

Le docteur Halley évalue l'évaporation annuelle de Londres à 48 pouces (anglois). *Philoſ. Tranſact. n°. 212.*

L'évaporation annuelle a été à Liverpool de 36 pouces, & celle des 4 mois d'été (mai, juin, juillet, août), en comparant les 4 années d'obſervation, à 18 pouces. L'évaporation de ces quatre mois, eſt donc égale à celle des huit autres mois de l'année.

(*E*) Sur la Fournaise centrale du Globe.

« Quelques Phyſiciens avoient placé au centre de la
» terre un feu perpétuel, nommé *central*, à cauſe de ſa
» ſituation prétendue ; ils le regardoient comme la cauſe
» efficiente des végétaux, des minéraux & des animaux.
» Etiénne de Clave emploie les premiers chapitres du XIe
» Livre de ſes Traités philoſophiques, à établir l'exiſtence
» de ce feu. René Bary en parle au long dans ſa Phyſique,
» & s'en ſert à expliquer, entr'autres choſes, la manière
» dont l'hiver dépouille les arbres de leur verdure. Comme
» la chaleur du ſoleil ne pénètre jamais plus de dix pieds
» en avant dans terre, ils attribuoient à ce feu toutes les
» fermentations & productions qui ſont hors de la portée
» de l'action de cet aſtre. Le feu central, qu'ils appeloient
» *le ſoleil de la terre*, concouroit dans leur ſyſtême, avec
» le ſoleil du ciel, à la formation des végétaux. M. Gaſſendi
» a chaſſé ce feu du poſte qu'on lui avoit aſſigné, en faiſant
» voir qu'on l'avoit placé ſans raiſon dans un lieu où l'air
» & l'aliment lui manquoient. » Article de M. Formey
dans l'Encyclopédie, au mot *Feu central.*

(*F*) LA CHALEUR N'AUGMENTE PAS DANS L'IN- TÉRIEUR DE LA TERRE A MESURE QUE L'ON DESCEND.

» M. de Genfane prétend que plus on defcend en avant » dans notre globe, plus la chaleur augmente. Cette con- » clufion n'a-t-elle pas été démentie par une foule d'ob- » fervateurs ? Je n'en choifirai que deux exemples pris » chez les modernes. M. Guettard affure qu'à 1500 pieds » de profondeur (250 toifes), dans les mines de fel de » Wieliczka en Pologne, le thermomètre de M. de Reau- » mur s'eft montré conftamment à dix degrés au deffus » de zéro. M. Monnet a trouvé que le même thermo- » mètre marquoit conftamment dix degrés à 280 toifes, » c'eft-à-dire à 1680 pieds de profondeur perpendiculaire, » dans les mines de Joachimfthal en Bohême, *ce qui eft* » *la plus grande profondeur où les mineurs foient defcendus* » *jufqu'à ce jour.* Ce fait feroit encore aifé à examiner » dans les mines de Giromagny en Alface, qui ont 222 » toifes (1332 pieds) de profondeur. Tels ont été tous » les lieux profonds dans lefquels nous fommes defcendus. » La chaleur y a toujours été la même, & au même » degré que dans les caves de l'Obfervatoire de Paris. » *Journal de Phyfique de M. l'Abbé Rozier, mois de feptembre* *1777, pag.* 234.

M. de Luc obferve qu'au fond du puits de la *Dorothée*, l'une des mines du Hartz, à 1017 pieds de France (169 toifes $\frac{1}{2}$) de profondeur, la chaleur étoit de 10 *degrés* $\frac{1}{9}$ au deffus de zéro ; mais qu'*elle n'eft pas la même par-tout*, comme l'ont cru quelques Phyficiens, *qui regardoient la température intérieure du globe terreftre comme un terme fixe, par-tout le même.* (Mais ces Phyficiens ne l'entendent ainfi que des lieux qui ne *font point expofés aux viciffitudes de*

l'air extérieur, ni *aux agens chimiques des combinaisons &*
décompositions souterraines, qui font très-fréquentes dans
les mines, ainfi que M. de Luc l'obferve lui-même un peu
plus bas.) « Il eft vrai, ajoute-t-il, que *l'air extérieur entre*
» *dans ces mines* ; mais les mineurs remarquent très-bien,
» que le puits de *la Caroline* eft *plus chaud* (1) que celui de
» la *Dorothée* ; & en effet, j'en trouvai la température à
» *12 degrés* au deffus de zéro. Ils favent auffi que le fond
» d'une galerie de recherche qui appartient à *la Bénédicte*,
» & qui part de ce même puits, *eft encore plus chaud*, & il
» l'eft en effet de plus de deux degrés. »

» Mais, ajoute M. de Luc, cette chaleur plus grande au
» fond de quelques mines, *eft due fans doute à quelque caufe*
» *chimique* : les *moufettes* & plufieurs autres phénomènes,
» montrent que la Nature *y eft toujours en action*. Dès
» obfervations de ce genre ont fait penfer à quelques Phy-
» ficiens (tels que *M. de Genfane*, par exemple) que la
» chaleur *alloit en augmentant*, *à mefure qu'on s'enfonçoit*
» *dans la terre*. Mais toutes les mines ne font pas également
» chaudes ; on en voit la preuve plus haut, puifque deux
» mines très-voifines différent de $2\frac{2}{3}$ d. & que même *la*
» *moins profonde fe trouve être la plus chaude*. Si la terre
» avoit une chaleur acquife, qu'elle perdît infenfiblement,
» fans doute qu'elle feroit plus chaude à l'intérieur qu'à
» l'extérieur ; mais je ne crois pas que la petite profondeur
» des mines pût nous en faire appercevoir les nuances,
» fur-tout étant percées dans les montagnes. » *Lett. 68*e
fur l'Hift. de la Terre & de l'Homme, tom. III, pag. 317
& 318.

---

(1) La profondeur du puits de la *Caroline* eft de *1026 pieds* (*170*
toifes), & celle de la galerie de recherche la plus profonde de
la Bénédicte, de *142 toifes* $\frac{1}{2}$ ou *855 pieds*.

EXPÉRIENCES

(*G*) Expériences de M. de Saussure,
*qui prouvent que l'eau est toujours plus froide au
fond qu'à sa surface, sur-tout à une certaine
profondeur.*

EN ÉTÉ.

Le 13 août 1767, le thermomètre (de Réaumur)
plongé au fond du lac de Genève, à 82 pieds 6 pouces de
la surface, après être demeuré depuis 10 heures 20 minutes du matin jusqu'à 11 heures 20 minutes, se trouva
à 12 degrés $\frac{1}{10}$ au dessus de zéro. Jugeant qu'il n'avoit pas
séjourné assez long-temps pour prendre exactement la
température de l'eau, M. de Saussure le replongea au
fond, & l'y laissa jusqu'à 3 heures 15 min., ce qui faisoit
en tout 4 heu. 55 min.; il le trouva alors à 10 deg. $\frac{1}{3}$.

L'eau, à un pied au dessous de la surface, étoit à 10 h.
$\frac{1}{2}$ à 18 deg. $\frac{3}{4}$, & à 3 heur. $\frac{1}{4}$ à 20 deg. $\frac{1}{2}$ du thermomètre
de Réaumur.

Dans l'air, à un pied au dessus de l'eau, il se tenoit, à
10 heur. $\frac{1}{3}$, à 22 deg. Dans un moment où le soleil se
cacha, il descendit à 20 deg. mais à 3 heures $\frac{1}{4}$, il étoit
à 23 deg. même à l'ombre.

M. de Saussure pense que les 5 heur. pendant lesquelles
le thermomètre étoit resté au fond du lac, ne suffisoient
pas pour lui faire prendre exactement la température de
l'eau : « Ensorte qu'il est, dit-il, indubitable qu'il seroit
» descendu plus bas, si je l'avois laissé 3 heures de plus,
» comme cela auroit été convenable. »

M. de Saussure rapporte encore (tom. I, pag. 20 de
son excellent Voyage dans les Alpes, d'où ce qui précède
est extrait), que MM. Mallet & Pictet, ayant plongé, le
6 août 1774, dans le lac de Genève, à la profondeur

de 312 pieds, un thermomètre de mercure, renfermé
hermétiquement dans un tube de verre, ils le trouvèrent,
au sortir de l'eau, à 8 deg. ½ au dessus de zéro (division
de Réaumur), quoique la température de la surface fût
de 15, & celle de l'air de plus de 20 deg. « Cette obser-
» vation, ajoute-t-il, est bien remarquable, puisqu'elle
» prouve que le fond du lac étoit en cet endroit plus
» froid que les caves de l'Observatoire, dont on regarde
» communément le degré de chaleur comme la tempé-
» rature moyenne de notre globe. »

N. B. Que le thermomètre a dû remonter un peu en
traversant l'eau plus échauffée de la surface du lac.

EN HIVER.

Il résulte d'autres expériences faites sur ce même lac
pendant l'hiver, que la température du fond du lac (à
950 & 620 pieds de profondeur) étoit, au commencement de février 1779, après un mois de gelée non inter-
rompue entre 4 deg. $\frac{1}{10}$ & 4 deg. $\frac{3}{10}$, ou, en prenant une
moyenne, 4 $\frac{2}{10}$ deg. ; & qu'à cette même époque, la chaleur de l'eau à la surface, & même jusqu'à 350 pieds de
profondeur, étoit de 4 ½ ; ensorte que le fond étoit de
$\frac{11}{40}$ de degré plus froid que le reste de la masse : celle de
l'air étoit entre 2 ¼ & 3 ½.

Malgré quelques jours de dégel, la surface de la terre
voisine du lac étoit encore gelée à plus d'un pied de profondeur, & par conséquent elle étoit au plus au degré de
zero du thermomètre. Dans le même moment, la surface
du lac avoit 4 deg. ¼ de chaleur de plus.

Au contraire, à une profondeur d'environ 50 pieds,
la terre avoit une température d'environ 9 deg. ⅓ (ce qui
est la chaleur des caves de l'Observatoire, suivant M. de
Luc); & le lac, à cette profondeur, & à de bien plus

grandes encore, étoit comme à la furface de 4 deg. $\frac{1}{2}$, & par conféquent de 4 deg. $\frac{1}{10}$ plus froid que la terre. *Voyages dans les Alpes, tom. I, pag. 30 & 31.*

Il eft, je crois, démontré par ces expériences de M. de Sauffure, que l'eau ne *tient point fa chaleur & fa fluidité des émanations centrales;* car, fi cela étoit, elle devroit être, fur-tout en hiver, confidérablement plus chaude au fond qu'à la furface. Si l'on objecte qu'à mefure que l'eau s'échauffe au fond, elle s'élève à la furface par fa moindre denfité pour céder fa place à l'eau fupérieure plus froide, & conféquemment plus pefante, je répondrai que dans ce cas, la température du fond devroit être égale à celle de la furface, comme M. de Sauffure l'obferve lui-même, *ibid. pag. 33.* D'où vient donc ce plus grand froid qu'on trouve au fond, finon de l'évaporation qui fe fait à la furface ? évaporation qui, refroidiffant l'eau de cette furface, néceffite les molécules ignées de paffer des eaux inférieures dans les fupérieures, & rend ainfi l'eau du fond plus froide & plus pefante ou plus denfe que l'eau de la furface. Il y a même lieu de croire que fi, pendant l'été, l'eau du fond eft proportionnellement beaucoup plus froide qu'en hiver, c'eft qu'en été l'évaporation eft auffi beaucoup plus conftante & plus confidérable qu'en hiver, &c. &c.

Le 15 juillet 1779, MM. de Sauffure & Pictet, ayant plongé la veille à 8 heur. 40 min. du foir, deux thermomètres à 80 pieds de profondeur dans le lac de Joux (dont la furface eft à 317 toifes au deffus de celui de Genève), ils les relevèrent à 6 heur. $\frac{1}{2}$ du matin, la chaleur de l'air étant à 10 deg. $\frac{4}{5}$, & celle de l'eau à la furface de 10 deg. $\frac{1}{5}$. Les thermomètres marquèrent, à peu de chofe près, 8 deg. $\frac{1}{2}$ au fortir de l'eau. « J'avoue, dit M. de » Sauffure, que j'avois préfumé que nous les trouverions » plus bas, parce qu'il me fembloit que dans un fite auffi

» élevé (le lac de Joux est sur le Jura, à 317 toises au dessus
» du lac de Genève) , la température moyenne que l'on
» trouve communément à la profondeur de 80 pieds,
» auroit dû être plus froide. » *Voyages dans les Alpes,*
pag. 308.

En effet, cela devroit être dans l'hypothèse du feu central; car cette chaleur devroit aller toujours en diminuant, à mesure qu'elle s'éloigneroit de son foyer. Mais, puisqu'à 317 toises au dessus du lac de Genève, la température du fond de l'eau est la même que celle du fond de ce lac, à la même profondeur & dans la même saison; il s'ensuit que cette chaleur intérieure des eaux est parfaitement indépendante de la chaleur centrale.

M. de Saussure a aussi trouvé la température du fond du Lac de Neuchâtel, au 17 juillet 1779, & à 325 pieds de profondeur, exactement la même que celle du lac de Genève au 12 février de la même année : « Et il ne faut » pas croire, ajoute-t-il, que ce soit un phénomène parti- » culier au lac de Neuchâtel; car les expériences que j'ai » faites régulièrement de mois en mois sur la température » du lac de Genève, prouvent que, même à une profon- » deur qui n'excède pas 150 pieds, il n'y a pas eu de » changement sensible. » *Ibid. pag. 320.*

Dans les épreuves qui ont été faites pour connoître la chaleur du fond de la mer, tant sur le vaisseau du Capitaine Phipps, que sur celui du Capitaine Cook, on n'a jamais trouvé l'eau considérablement plus chaude au fond qu'à la surface, ce qui devroit pourtant être dans l'hypothèse de l'évaporation spontanée de la chaleur du globe. On a même trouvé de grandes différences dans la température de l'eau prise à de très-grandes profondeurs, comparée à celle de la surface & de l'atmosphère. Par les dernières expériences qui ont été faites avec grand soin, & qu'on trouve rapportées dans le *Voyage du Capitaine Phipps au pôle boréal*, *pag. 25*, il est prouvé que le 28 juin 1773, par un grand calme, l'eau de la mer puisée à 760 brasses de profondeur, étoit à 26 deg. du thermomètre de Farenheit, c'est-à-dire, 6 deg. au dessous du terme de la congélation, tandis qu'à la surface, la température étoit en même temps à 48 ½ du même thermomètre (différence 22 deg. ½). De même on trouve à la page 143, que le 4 septembre, également par un grand calme, le docteur Irving, qui étoit dans le même vaisseau, trouva à 683 brasses de profondeur, fond d'une belle argile molle & bleue, l'eau de la mer froide à 40 deg. tandis qu'à la surface, la température étoit à 55.

Enfin, M. de Mairan, dans sa Dissertation sur la Glace, après avoir dit que M. le Comte de Marsigly, ayant plongé un thermomètre en divers lieux & à diverses profondeurs, dans les mois de décembre, janvier, mars & avril 1709, avoit trouvé que la température des eaux de la mer, dans le golfe de Lyon, à la profondeur de 10, 20, 30 & 120 brasses, étoit toujours également de 10 d. ½ ou 10 deg. ¾, ajoute : « Il le plongea aussi au mois de juin, & » *je ne sais par quelles circonstances la liqueur y descendit* » *trois ou quatre degrés plus bas*, selon la table qu'il nous » en a donnée, &c. » *pag. 67*.

Cette observation du Comte de Marsigly, qui dérangeoit un peu les idées de M. de Mairan sur les émanations centrales, s'accorde néanmoins très-bien avec celles de M. de Saussure, rapportées plus haut ; & il en résulte une masse de preuves que la température du fond de la mer & des lacs, est absolument indépendante de l'action prétendue du feu central, puisque autrement ces eaux devroient être en hiver beaucoup plus chaudes au fond qu'à la surface, ce que l'expérience dément.

G iij

(*H*) Température égale de l'intérieur du Globe, et vraie cause des grands froids de la Sibérie.

« J'avois lu dans quelque voyageur, dit l'Abbé Chappe,
» que le terrain ne dégeloit à Tobolsk, pendant l'été,
» que de quelques pieds de profondeur. Je fus confirmé
» dans cette idée par un habitant de cette ville. Mes obfer-
» vations journalières m'ayant rendu fon autorité fufpecte,
» je fis d'abord creufer la terre jufqu'à dix pieds : elle étoit
» dégelée. Je fis encore creufer la terre de quatre pieds, fans
» qu'elle fût gelée J'y enfonçai enfuite mon épée jufqu'à
» la garde, avec la plus grande facilité. Il eft donc bien
» conftant que le terrain dégèle totalement à Tobolsk,
» puifqu'il l'eft à 16 pieds de profondeur. » *Voyage en
Sibérie, tom. I, pag. 89.*

M. de Mairan attribue le froid exceffif de l'hiver en
Sibérie, non-feulement à la hauteur du fol de cette contrée & *à la fuppreffion des vapeurs centrales*, mais encore
à ce que les terres y font chargées de nitre & d'autres
fels. « La caufe de ce grand froid eft, dit-il, que le terrain
» de la Sibérie *eft compacte* & fort élevé; qu'il abonde en
» nitre & autres fels; qu'on y trouve en plufieurs en-
» droits *& prefque toujours* de la glace à quelques pieds
» fous terre, & que cette glace *s'étend vraifemblablement*
» *à une très-grande profondeur*, de manière qu'on ne fau-
» roit que difficilement creufer des puits, & que fi l'on
» vient à bout d'y en creufer, même plus bas que le lit
» des rivières voifines, *l'eau n'y peut couler*, *en étant*
» *empêchée par les glaces*, ou parce qu'elle fe glace elle-
» même: toutes circonftances qui contribuent à la rigueur
» des hivers qu'on y éprouve, & *contraires à l'émanation*
» *des vapeurs fouterraines*; *mais qui*, *fans l'interruption de ces*

» *vapeurs, ne sauroient porter le froid à cet excès énorme.* » Diss.
sur la Glace, pag. 83.

Ces assertions de M. de Mairan, en partie détruites
par l'observation de l'Abbé Chappe, rapportée plus haut,
vont achever de l'être par les observations suivantes du
docteur Pallas.

» La situation de la Sibérie en plan incliné vers la mer
» glaciale, *son exposition aux vents du nord & de nord-est,*
» *pendant que ceux du midi sont interceptés par la grande chaîne*
» *(Altaïque) couverte, pour la plupart, de neiges perpétuelles,*
» *& ceux de l'ouest par la chaîne Ouralique,* devient une
» cause plus puissante pour rendre le climat de ce pays si
» rude, que ne le feroit l'élévation seule, ou la salinité des
» terres à laquelle l'Abbé Chappe (*d'après M. de Mairan*)
» voudroit entièrement attribuer la rigueur des froids qui
» y règnent. Je citerai en preuve de cette assertion, les
» environs de la fonderie de Barnaoul sur l'Ob, *garantis*
» *des vents du nord* par une traînée de montagnes & de
» forêts qui s'avancent entre le Tom & l'Ob, où toutes
» fortes de jardinages, même les melons & les citrouilles
» viennent parfaitement bien en pleine terre, *tándis qu'à*
» *deux degrés plus au sud,* la pente des montagnes Altaï-
» ques, *exposée au nord,* ne produit rien. Je citerois les
» vallées de Sélenginsk & les environs de la rivière Aba-
» kan, *fleuries au mois d'avril au pied des montagnes, au*
» *nord desquelles règnent les frimats & les neiges jusqu'au mois*
» *de juin.* Une partie de notre Europe doit peut-être la
» douceur de son climat aux Alpes de la Scandinavie &
» de l'Ecosse, *qui détournent les vents du nord,* & à ce
» que les glaces du nord ont un débouché libre entre l'Eu-
» rope & l'Amérique, pour être entraînées par les courans
» vers les tropiques, de sorte que *les vents du nord y sont*
» *moins refroidis & moins soutenus en été.* Ce sont au con-
» traire ces glaces renfermées par le Cap-Nord & le

» Spitzberg, *qui influent déja fur le climat de la Ruffie boréale.*
» Les deferts d'Aftracan femblent, par oppofition, devoir
» l'intenfité de leur été, qui y favorife jufqu'aux plantes
» propres à la Perfe & à la Syrie, *à fon expofition aux*
» *vents de fud & de fud-eft, & aux terres élevées qui les cou-*
» *vrent au nord.* Ce ne font auffi précifément *que les*
» *vents de nord-eft & de fud-oueft réfléchis* par les mon-
» tagnes d'Oural & le Caucafe, *qui y font régner les plus*
» *fortes gelées en hiver, & qui amènent la fraîcheur en été.*
» Je ne vois rien en tout cela, ajoute M. Pallas, qui dût
» nous faire recourir au feu central, fi peu énergique
» d'ailleurs, que le profond de la mer n'en a pu être
» réchauffé au degré que l'eft fa furface, comme les obfer-
» vations thermométriques, faites à différentes profon-
» deurs, en font foi. » *Obferv. fur la formation des mon-*
tagnes, édit. de Paris, 1779, in-12, pag. 21 & 22, note.

(J) Expérience de M. Black, *relative à l'explication de la page 59.*

« Prenez de la neige ou de la glace d'une température
» au deffous de zéro du thermomètre de Réaumur ; expo-
» fez-la à un degré de chaleur plus que fuffifant pour la
» faire fondre ; le thermomètre vous donnera des fignes
» fenfibles de la chaleur acquife, jufqu'à ce qu'elle foit
» au terme de zéro. Alors la neige ou la glace commence-
» ront à fe fondre ; mais l'eau qui en réfultera ne fera pas
» monter le thermomètre au deffus de zéro, jufqu'à ce
» que la quantité expofée foit totalement fondue. Il eft
» cependant certain que, pendant le fonte, l'action des
» corps environnans n'aura pas été interrompue, & que
» la neige ou la glace auront continuellement reçu de la
» chaleur ; mais lorfque la fonte fera complette, le ther-
» momètre marquera chaque point d'augmentation de

» chaleur , & on le verra en peu de temps fe mettre au
» niveau avec la température des corps circonvoifins. Il
» paroît par cette expérience que la glace n'a pas ceffé
» d'acquérir de la chaleur , tandis que le thermomètre eft
» refté fixe. Mais cette chaleur , dans fa gradation, n'a pas
» été fenfible , parce que la glace folide en abforboit une
» portion qui fervoit à la convertir en fluide , & la portion
» abforbée étant égale à celle communiquée par les corps
» environnans, il eft réfulté de cette marche de la chaleur,
» que pendant la fonte le thermomètre a dû refter fixe. »
*Expér. de M. Black fur la marche de la chaleur , inférées
dans le Journal de Phyfiq. de feptembre 1772 , pag. 156 &
fuiv.* On lit une expérience à peu près femblable de M.
Lavoifier dans le Journal de Phyfique du mois d'octobre
de la même année , pag. 198 & 199.

(K) LA FONTE DES GLACIERS , *même en hiver,*
n'eft point due aux émanations centrales.

« Les neiges accumulées dans le fond des hautes vallées
» des Alpes , demeurent là, dit M. de Sauffure , prefque
» fans aucun changement, *jufqu'à ce que la chaleur du foleil*
» *& les vents chauds de l'été* tempèrent le froid naturel à ces
» hautes régions , & réfolvent une partie de ces neiges.
» Je dis une partie, car , puifque les avalanches qui tom-
» bent dans des vallées affez baffes & affez chaudes pour
» être cultivées , ont quelquefois de la peine à fe fondre
» pendant tout le cours de l'été , on juge bien que celles
» qui tombent dans les hautes vallées inhabitables & in-
» cultes , à caufe du froid qui y règne , ne peuvent
» jamais fe fondre entiérement. » *Voyages dans les Alpes ,
tom. I , pag. 443.*
» Il eft bien vrai , dit-il plus bas , que dans les nuits
» claires de l'été , il gèle fur ces régions élevées ; mais , à

» l'exception de quelques endroits très - singulièrement
» situés , ou de quelques nuits d'une fraîcheur extraordi-
» naire , ce qui se fond en été , même au plus haut point
» des glaciers , *pendant que le soleil est sur l'horizon, sur-*
» *passe de beaucoup ce qui se gèle en son absence.* » Ibid.
pag. 445.

» Les couches minces de glace , formées à la surface des
» réservoirs d'eau que l'on rencontre fréquemment dans
» les crevasses des glaciers , n'ont jamais plus d'un travers
» de doigt d'épaisseur ; cette glace est claire , transparente,
» exempte de bulles , absolument différente de celle du
» glacier même , & *la chaleur du soleil pendant le reste de la*
» *journée, fond en entier non-seulement cette glace nouvelle ,*
» *mais encore une quantité de l'ancienne....* Les eaux des
» neiges fondues qui coulent sur les plaines de glace que
» l'on trouve au haut des grands glaciers, bien loin de les
» augmenter, *creusent au contraire sur ces mêmes glaciers de*
» *profondes ravines , remplies d'une eau vive & claire.* » Ibid.

» D'ailleurs , ajoute M. de Saussure, *les vents chauds*
» *qui règnent en été , fondent les glaces & les neiges pendant la*
» *nuit comme pendant le jour,* même sur les cîmes les plus éle-
» vées ; ensorte que , *par le concours de toutes ces causes ,* la
» masse des glaces , comme celle des neiges, diminue con-
» dérablement dans toute l'étendue des Alpes , pendant le
» cours de la belle saison. » *Ibid. pag.* 446.

« Les eaux qui s'amassent *pendant le jour* , par la fonte des
» neiges. *causée par l'action des vents chauds, aidés du tonnerre,*
» se précipitent en torrens des sommets des Alpes , &c. »
M. de Haller , Préf. des montagnes de la Suisse, 1776 , in-fol.

« La glace est plus difficile à parcourir , *avant que le*
» *soleil n'en ait fondu la superficie,* parce que la partie dé-
» gelée pendant le jour, s'est regelée la nuit , & y a formé
» un verglas très-uni. » *Discours sur l'Histoire naturelle de*
la Suisse, par M. Besson , pag. xxj , édit. in-fol.

« Les fentes, dans le bas du glacier, font dans fa direc-
» tion, c'eft-à-dire, en long & fuivant le fil des eaux qui
» en découlent fur le glacier.... La fente s'élargit & fe
» rétrécit, *felon la direction dans laquelle le foleil a dardé fes*
» *rayons, & a fondu davantage fes côtés.* » Ibid. pag. xxij.
» Dans le plus fort de l'hiver, il fort toujours de l'eau par
» deffous le glacier. *L'été, la fonte eft confidérable ;* auffi
» les fleuves & les rivières qui tirent leurs fources des
» montagnes où il y a des glacières, *ne fe débordent que*
» *dans les grandes chaleurs de l'été.* » Ibid.

» Les pierres mêmes qui font au milieu du glacier, font
» entourées d'un creux occafionné par la fonte de la glace ;
» elle *l'eft davantage* (fondue) *du côté où les pierres ont*
» *reçu en plein les rayons du foleil.* » Ibid.

» Les affaiffemens fe font plus fouvent la nuit, *à caufe*
» *de la fonte du jour.* L'eau qui s'eft gelée dans les fentes,
» occafionne auffi des dilatations & des craquemens, mais
» moins confidérables que par les affaiffemens, &c. » *Ibid.*

» Les eaux du torrent (du Grindelwald) augmentent
» vers le foir, par la fonte du glacier, *occafionnée par la*
» *chaleur du jour.* C'eft comme l'égoût de toutes les eaux
» du glacier qui forment ce torrent. » *Ibid. pag. xlix.* Tous
ces faits font confirmés par les obfervations de M. Defmareft fur le mouvement progreffif des glaces dans les
glaciers, inférées dans le *Journal de Phyfique du mois de*
mai 1779, pag. 383.

Il obferve entr'autres, qu'un thermomètre plongé vers
midi dans l'eau d'une des fentes de ces glaciers, « y marqua
» depuis 4 deg. ½ au deffus du point de la congélation juf.
» qu'à 6 deg. De cette température de l'eau, M. Defmareft
» conclut qu'*en circulant dans l'intérieur du glacier par les*
» *fentes qui féparent les glaçons, elle émouffe les faces de ces*
» *glaçons, qu'elle baigne, & contribue à leur fonte.* »

(*L*) LE MOUVEMENT RAPIDE DES EAUX S'OPPOSE A LEUR CONGÉLATION, *même à l'air libre & dans les climats les plus froids.*

« Les rivières, dit l'Abbé Chappe, gèlent très-promp-
» tement dans le Nord; leurs furfaces gelées ne font point
» raboteufes, ainſi que la rivière de Seine à Paris : mais
» elles font parfaitement unies. . . . . On trouve (fur ces
» rivières) quantité de trous où l'eau ne gèle point, quoi-
» que la glace ait jufqu'à trois pieds d'épaiſſeur, & que la
» rigueur du froid faſſe geler l'eau-de-vie & l'efprit-de-vin.
» J'ai vu, ajoute-t-il (fur la rivière d'Ocka), un efpace
» de plus de cent toifes, où l'eau n'étoit pas gelée. On
» feroit d'abord tenté d'attribuer ce phénomène à des
» fources d'eau chaude qui peuvent fe trouver dans le
» fond de cette rivière ; mais comment imaginer des
» fources aſſez abondantes pour produire des ouvertures
» auſſi confidérables ? D'ailleurs, cette rivière étant d'une
» très-grande profondeur, quelque légéreté fpécifique
» qu'on fuppofe à ces eaux de fource, elles auroient le
» temps de contraĉter un degré de froid dans la diagonale
» qu'elles parcourent pour parvenir à la furface. Il me
» paroîtroit plus fimple d'en chercher la cauſe phyſique
» dans la congélation même des eaux de cette rivière ; &
» en effet, dans les Pays du Nord, ainſi que dans nos
» climats, *les grandes rivières ne geleroient jamais, à cauſe*
» *de la viteſſe du courant, ſi les glaçons ne commençoient à ſe*
» *former vers les bords des rivières où les eaux font plus tran-*
» *quilles* (1). Ces glaçons flottans s'accroiſſent, fe multi-

---

(1) M. l'Abbé Nollet obſerve, que pendant le grand froid de
1709, qui fut à Paris de 15 deg.-$\frac{1}{4}$, la Seine ne fut point entière-

» plient chaque jour , & couvrent bientôt la furface des
» eaux. Dans ces circonftances , la rigueur des froids du
» Nord fixe dans le même temps tous ces glaçons flottans ;
» ils forment , par conféquent , une furface parfaitement
» unie , tandis que dans nos climats tempérés, la furface des
» rivières gelées eft toujours raboteufe , parce que le froid
» n'eft pas affez vif pour produire cette prompte réunion. »

» En admettant dans les Pays du Nord cette prompte
» réunion des glaçons flottans, on conçoit aifément qu'ils
» doivent laiffer entr'eux des intervalles vides , à caufe
» des figures différentes de ces glaçons. Quant au grand
» efpace dont j'ai parlé , il eft vraifemblable qu'il a la même
» origine : il occupoit le milieu du courant fuivant fa lon-
» gueur ; or , fuppofant la rivière gelée fur fes bords pen-
» dant qu'elle charioit , & par conféquent fon canal con-
» fidérablement rétréci à la furface de l'eau , les grands
» glaçons auront formé un embarras dans cet endroit ; ils
» s'y feront fixés , & auront occafionné cette grande
» ouverture. On dira fans doute, & avec raifon , que quoi-
» que la furface de l'eau foit gelée , la rivière peut charier
» encore fous cette furface gelée : ces glaçons doivent
» monter à la fuperficie de l'eau dans les endroits qui ne
» font pas gelés, s'y fixer, & remplir les efpaces vides.
» Ces nouveaux glaçons font , je crois , la véritable caufe
» pour laquelle on trouve fi peu d'efpaces vides fur ces
» grandes rivières ; mais il ne s'enfuit pas que toutes les
» ouvertures doivent être remplies ; d'ailleurs , dès le
» moment que les rivières font gelées , elles charient très-
» peu , & pendant un efpace de temps très-court. Dans

---

ment prife , & qu'il y eut toûjours un courant découvert vers fon
milieu , quoique cette rivière fe gèle d'ordinaire par un froid de
8 ou 10 deg. « Il eft fingulier, ajoute-t-il , de pouvoir dire en pareil
» cas : *La rivière ne fe gèle point tout-à-fait , parce qu'il fait trop
» froid.*» Leçons de Phyf. tom. IV , pag. 127.

» notre climat tempéré, le froid eſt peu conſidérable, eu
» égard à celui des Pays du Nord où le thermomètre deſ-
» cend à 20 ou 25 deg. & quelquefois juſqu'à 70. Les
» variations de la température de l'air ſont encore ſi con-
» ſidérables dans notre climat, qu'on éprouve ſouvent
» pluſieurs dégels dans le même hiver ; & ainſi il n'eſt pas
» ſurprenant que les rivières charient la plus grande partie
» de ces temps ; tandis que le froid exceſſif des pays du
» Nord, fixe tout-à-coup les glaçons flottans ; & il ne
» s'en forme plus de nouveaux, parce que le froid y eſt
» continuel pendant 7 à 8 mois de l'année.

» J'ai fait, dit encore l'Abbé Chappe, une remarque
» en Sibérie, qui prouve que les rivières gelées ne cha-
» rient plus après ce premier moment, & que les eſpaces
» vides, ſitués vers les courans, ne doivent jamais geler.
» Tout le temps que dura l'hiver, en voyageant ſur
» l'Ocka, & par la ſuite ſur le Volga, je rencontrai ſur
» ma route quantité d'ouvertures de 18 pouces de dia-
» mètre ; elles avoient été faites par les payſans à travers
» la glace, qui avoit trois pieds d'épaiſſeur ; ils font uſage
» de ces ouvertures, pour placer dans la rivière des filets
» propres à prendre le poiſſon. Cet uſage n'auroit point
» été établi, & ne ſubſiſteroit point, ſi ces rivières cha-
» rioient, puiſque leurs filets ſeroient bientôt emportés.
» La même raiſon prouve que l'eau ne doit pas geler dans
» ces endroits ; & en effet, je l'ai toujours trouvée liquide
» dans toutes les ouvertures où je me ſuis arrêté pour
» examiner ce fait. » *Voyage en Sibérie*, tom. *I*, pag. 31
& ſuiv.

(*M*) Résultats de quelques Expériences nouvelles de M. Pictet, *qui prouvent que la chaleur extérieure ne vient point des émanations centrales ; & qu'au contraire la chaleur produite par les rayons solaires, est retenue par les corps solides qu'elle pénètre.*

M. Pictet fit usage, dans ces expériences, d'une perche de 50 pieds, aussi mince qu'il a été possible, élevée en rase campagne, & portant à son sommet un bras dirigé vers le sud, au bout duquel étoit une poulie servant à faire monter & descendre un thermomètre. Les observations en exigèrent plusieurs autres, tous de mercure à boule isolée ; & des quatre principaux dont M. Pictet fit usage, le *premier* avoit sa boule ensevelie dans le terrain ; le *second* étoit suspendu à 5 pieds d'élévation au sud, & à quelque distance de la perche, pour être toujours exposé au soleil, quand il luit ; le *troisième*, au contraire, placé à même hauteur de l'autre côté de la perche, étoit changé successivement de place, pour qu'elle lui fît toujours ombre ; le *quatrième* enfin, montoit & descendoit très-promptement par le moyen de la poulie ; il servoit à indiquer la température de l'air à 50 pieds de hauteur sur le terrain pendant les expériences.

M. Pictet, dès ses premières observations, remarqua une marche de la chaleur le long de cette perche, qui lui parut fort intéressante. Il changea de place son appareil, & il observa dans des temps très-différens, pour découvrir s'il n'y avoit point de circonstance locale ou accidentelle qui produisit ce qu'il avoit remarqué. Voici comment il s'exprime lui-même, dans une Lettre à M. de Luc, sur les résultats de ces observations.

« Pour vous préfenter , dit-il , avec plus de clarté le
» phénomène le plus intéreffant que m'aient offert ces
» expériences , je vais fuivre la marche des deux princi-
» paux thermomètres , l'un à 5 pieds , l'autre à 50 pieds
» d'élévation fur le terrain , durant les 24 heures d'un jour
» ferein & calme.

» Le matin , environ 2 h. ou 2 h. $\frac{1}{2}$, après le lever du
» foleil , ces deux thermomètres font d'accord , aux petites
» ofcillations près , produites par des circonftances acci-
» dentelles & paffagères.

» A mefure que le foleil s'élève davantage fur l'horizon ,
» le thermomètre à 5 pieds du terrain , devance celui qui
» eft à 50 pieds. Leur plus grande différence a lieu au
» moment le plus chaud du jour , & va quelquefois jufqu'à
» 2 deg. de la divifion en 80 parties , dont le thermomètre
» inférieur eft plus haut que le fupérieur.

» Ce *maximum* de chaleur & de différence entre les ther-
» momètres étant paffé , ils fe rapprochent ; & quelque
» temps avant le coucher du foleil , ils s'atteignent de
» nouveau , puis fe dépaffent , & le thermomètre inférieur
» commence à fe tenir plus bas que le fupérieur. Leur
» différence augmente rapidement dès que le foleil eft
» couché , & va jufqu'à 2 deg. & quelquefois davantage à
» la fin du crépufcule.

» Cette différence demeure la même pendant la nuit ,
» du moins j'ai lieu de le préfumer , puifqu'en ceffant d'ob-
» ferver à 11 h. du foir , & obfervant de nouveau à la
» pointe du jour , j'ai conftamment trouvé le thermomètre
» à 5 pieds *plus bas de 1 à 2 degrés que le thermomètre à*
» *50 pieds* (1). Ils fuivent encore ce même rapport pendant

-----

(1) Que deviennent ici les *émanations noçturnes* d'un critique qui
prétend , contre tous les faits , que les émanations de la chaleur
centrale font *beaucoup plus fortes , beaucoup plus abondantes , le*
tout

» tout le crépufcule du matin, & ce n'eft que quelque
» temps après le lever du foleil qu'ils commencent à fe
» rapprocher, pour s'atteindre & fe croifer de nouveau
» environ 2 heures après.

» Telle eft, Monfieur, la marche de ces deux thermo-
» mètres, toutes les fois que le temps eft calme & ferein ;
» elle eft à peu près la même dans les diverfes faifons de
» l'année, & malgré les vents & les nuages, quoique moins
» régulièrement dans ces deux derniers cas : ce n'eft que
» dans les jours complétement & uniformément couverts,
» & lorfqu'il règne un vent violent ou un brouillard épais,
» que les deux thermomètres dont il s'agit s'accordent à
» peu près pendant tout le cours de la journée.

» Du coucher au lever du foleil, temps où le thermo-
» mètre à 5 pieds fe tient plus bas que celui à 50 pieds,
» un autre thermomètre fufpendu à 4 lignes de la furface
» du terrain, *fe tient pour l'ordinaire plus bas encore ;* mais
» celui dont la boule eft enfevelie fous cette furface, *fe*
» *tient plus haut de beaucoup qu'aucun des autres.* La terre
» conferve toute la nuit une partie de la chaleur confidé-
» dérable qu'elle a acquife durant le jour, & qui, dans
» quelques jours du mois d'août, a fait monter le thermo-
» mètre jufqu'à 45 degrés.

» Le thermomètre fufpendu à l'ombre derrière la perche,
» étoit celui de tous dont la marche reffembloit le plus à
» celle du thermomètre expofé au foleil à 50 pieds de terre ;
» & non-feulement leurs marches étoient prefque fem-
» blables ; mais leurs hauteurs abfolues l'étoient prefque
» toujours depuis 9 heures du matin jufqu'à 3 heures après

---

foir, la nuit, l'hiver, & généralement lorfque le foleil s'abfente ou
s'éloigne de nous, & qui en conclut que l'action de cet aftre eft
plus contraire que favorable à l'émiffion des vapeurs terreftres. Lett.
à Madame la Baronne de ***, pag. 73.

H

» midi, quoique l'un fût au foleil & l'autre à l'ombre. »

Voyez les conféquences que M. de Luc tire de ces nouveaux phénomènes, relativement à fon propre fyftême fur la chaleur, dans l'Examen qu'il vient de publier du Syftême cofmologique de M. le Comte de Buffon, en ce qui concerne l'origine des planètes & principalement quant à cette queftion : *Notre globe fe refroidit-il ?* p. 572 & fuiv. tom. V, part. 2, de fes Lettres phyfiques & morales fur l'Hiftoire de la Terre & de l'Homme.

(*N*) EXTRAIT DES RECHERCHES PHILOSOPHI-QUES DU DOCTEUR LESLIE, fur la caufe de la chaleur animale. *Journal de Phyf. janvier, 1780, pag. 24 & fuiv.*

» Un corps quelconque, expofé à un certain degré de » froid ou de chaud, doit néceffairement, au bout d'un » certain temps, prendre la température du milieu qui » l'environne, ou du corps fur lequel il repofe. Cette loi, » connue en Phyfique fous le nom de *la Propagation* » *de la chaleur*, eft genérale : toutes les fubftances ina-» nimées y obéiffent conftamment ; mais les animaux » vivans ne la reconnoiffent point ; ils jouiffent jufqu'à un » certain terme d'un degré de chaleur uniforme, indépen-» dante des variations & des changemens arrivés autour » d'eux.

» Tantôt l'homme expofé à 70 deg. de froid du ther-» momètre de Réaumur, comme dans l'hiver de 1735 le 16 » janvier, à Jénifeick en Sibérie, & même à plus de 71 $\frac{1}{4}$, » comme à Tornéo le 5 janvier 1760; l'homme, dis-je, » conferve environ 28 à 29 $\frac{1}{4}$ deg. de chaleur naturelle. » Tantôt, comme les *Fordyce, Banks, Solander*, s'expo-» fant à un degré de chaleur immodéré, il parvient petit

» à petit à refter pendant quelques minutes dans une étuve
» échauffée à 79 ½ de Réaumur, c'eft-à-dire, prefque au
» terme de l'eau bouillante, fans cependant que fa chaleur
» naturelle varie beaucoup, puifqu'elle s'eft toujours tenue
» à 30 ou 32 degrés. » (*Par l'effet de l'évaporation de la fueur*
dont le corps fe couvre alors ; car, dès que cette fueur eft
évaporée, il eft impoffible de refter expofé à ce degré de chaleur.)
» Enfin, la temperature de l'air ambiant peut varier com-
» munément depuis le 25 ou 26ᵉ degré au-deffus de zéro,
» jufqu'au 6 ou 7ᵉ au-deffous, fans que pour cela le degré
» fpécifique de la chaleur intérieure de l'homme éprouve
» quelque altération dans ces différens termes de chaleur
» & de froid extérieurs, du moins jufqu'à une certaine
» latitude. Tels font en effet les réfultats des obfervations
» des *Derham*, des *Martine*, des *Blagden*, &c.

» Il faut donc qu'il exifte un principe de chaleur fans
» ceffe agiffant, fans ceffe produifant dans l'homme & les
» autres animaux. Il doit réparer les pertes que le contact
» immédiat & continu du milieu environnant occafionne ;
» & cette réparation doit être proportionnée à la gradation,
» à la marche de la caufe qui néceffite ces pertes. De plus,
» ce principe doit être abfolument autre chofe que la cha-
» leur que le corps animal reçoit lui-même du milieu dans
» lequel il exifte. Cette feconde chaleur eft néceffairement
» en raifon de la température ambiante, & varie comme
» elle. Un cadavre n'a plus que cette dernière, froid ou
» chaud, comme l'atmofphère, ou le corps fur lequel
» il repofe ; rien en lui ne peut compenfer cette alter-
» native.

» Pour connoître le vrai degré de la chaleur animale, il
» faut donc fouftraire la chaleur propre ou naturelle de
» fa chaleur abfolue. Que la chaleur atmofphérique foit de
» 10 deg. par exemple, & que la chaleur abfolue de l'ani-
» mal foit de 28, il faudra retrancher les 10 atmofphéri-

» ques ; il ne reftera de chaleur naturelle que 18 degrés.
» L'augmentation de cette chaleur naturelle eft propor-
» tionnelle à celle du froid. La chaleur abfolue fuppofée
» 28 , que celle du milieu ambiant de 10 defcende à 5 , la
» chaleur naturelle augmentera de 5 , & fera de 23 : à
» zéro , ou au terme de la congélation , l'animal fournira ,
» pour ainfi dire , à lui feul , la fomme de 28. Si le froid
» augmente de plufieurs degrés , alors l'animal produira
» autant de degrés de furplus , qui fe perdront néceffai-
» rement pour établir l'équilibre de chaleur entre le corps
» de l'animal & le milieu dans lequel il fe trouve. C'eft
» pour cela que , dès qu'on paffe dans un appartement
» froid, la fenfation du froid , vive dans le premier inf-
» tant , diminue infenfiblement : l'atmofphère de l'appar-
» tement s'échauffe néceffairement ; & fi un certain nom-
» bre de perfonnes fe trouvent raffemblées dans le même
» lieu , cet endroit acquerra un degré de chaleur très-
» confidérable.

» On fent facilement que cette production de chaleur
» fuperflue ne peut fe faire que jufqu'à un certain point. Cet
» accroiffement reconnoît des limites. Quand l'animal ne
» peut parvenir à établir un parfait équilibre entre la chaleur
» vitale & la température environnante, l'engourdiffe-
» ment s'empare d'abord des extrémités , gagne bientôt
» les parties nobles & le cœur qui femble être le foyer
» générateur de la chaleur animale , & termine enfin la
» vie , par la deftruction totale du mouvement & des
» organes qui le produifent & le confervent.

» Tels font en peu de mots le jeu & les effets de cette
» chaleur animale que les anciens ont bien connue , mais
» dont la caufe eft encore voilée.

» En 1745 , le docteur *Monimer* l'expliquoit par une
» efpèce d'efferfcence excitée entre les parties d'un
» *foufre animal* ou *phofphore* qu'il fuppofe tout formé dans

» les humeurs des animaux , & les particules aériennes con-
» tenues dans ces humeurs. . . . . .

» Les fyftêmes des Mécanico-Phyfiologiftes paroiffent
» plus exacts & plus généraux. *La chaleur fe produit par le
» mouvement & le frottement :* ce principe univerfel eft la
» bafe de leur théorie. . . . . Selon le docteur Hales , la
» chaleur animale dépend de celle du fang , & celle du
» fang , de la vive agitation qu'il effuie en parcourant les
» différens vaiffeaux capillaires. . . . . Le docteur *Douglas* ,
» dans fon Effai fur la Génération de la chaleur animale ,
» a refait ce fyftême en le dépouillant de fes défauts , mais
» en lui en donnant d'autres.

» Le docteur *Black* a cru trouver une connexion fi frap-
» pante & fi intime entre l'état de la refpiration , & le degré
» de chaleur dans les animaux , que ces deux chofes lui
» paroiffent être dans une proportion exacte l'une avec
» l'autre ; & il en a conclu que la chaleur animale dé-
» pendoit de l'état de la refpiration ; qu'elle étoit produite
» dans le poumon par *l'action de l'air fur le principe inflam-*
» *mable* , à peu près comme on le voit dans l'inflammation
» ordinaire ; & que de là elle fe répandoit , par le moyen
» de la circulation , dans le refte du fyftême vital (1).
» Cependant le docteur *Leflie* combat cette hypothèfe de
» *Black* , & lui fubftitue la fienne , qui eft que le principe
» fubtil , nommé par les chimiftes le *phlogiftique* , qui entre
» dans la compofition des corps naturels , eft , en confé-
» quence de l'action du fyftême vafculaire , développé
» graduellement dans toutes les parties de la machine ani-

____

(1) Ce fyftême de Black me paroît affez vraifemblable , puifque
l'air , en paffant par le poumon , *fe décompofe comme en paffant par*
le feu ; & que dans l'un & l'autre cas , l'on obtient *de l'acide mé-*
phitique , par *l'abforption du phlogiftique de l'air* , foit par l'animal ,
foit par le corps brûlant.

» male , & que la chaleur eſt produite par ce dévelop-
» pement.

» On voit que ce ſyſtême ne s'éloigne pas beaucoup
» de celui de *Hales* ; le phlogiſtique y étant ſubſtitué aux
» parties ſulfureuſes des globules de ſang, un méca-
» niſme à peu près ſemblable produit le même effet. »

(O) LA TEMPÉRATURE DES HAUTES MONTAGNES PEUT-ELLE SURPASSER QUELQUEFOIS CELLE DES PLAINES ?

Une obſervation de M. d'Arcet , faite ſur une montagne
des Pyrénées près de Barèges , ſemble indiquer au premier
coup d'œil , que le thermomètre éprouve des variations
& des contradictions capables de mettre en défaut l'ob-
ſervateur le plus attentif ; & qu'en conſéquence , cet inſ-
trument n'eſt pas toujours un guide ſûr pour connoître
la température d'un lieu. Cependant il n'eſt pas auſſi difficile qu'on le préſume de concilier cette obſervation avec
les phénomènes que nous connoiſſons ; & il eſt d'autant
plus eſſentiel de le tenter , qu'il faudroit renoncer à toute
certitude phyſique , ſi l'on ne vouloit pas admettre ici
l'effet de quelque cauſe locale & particulière.

Voici l'expérience dont il s'agit.

« Le 16 juillet 1774 , M. d'Arcet étant à 10 heures du
» matin ſur le plateau le plus élevé de la montagne de
» Barèges , *immédiatement au pied du rocher qui la termine,*
» & forme le pic de Leyrey (à 50 toiſes de diſtance du
ſommet , qui eſt élevé ſur la plaine de 826 toiſes , c'eſt-
à-dire , à 826 toiſes au-deſſus de l'obſervation faite à Barèges le même jour) » ſon thermomètre , ſuſpendu à 8
» pouces de terre , monta aſſez rapidement de 13 à 23
» deg. au-deſſus de zéro , & ſe fixa conſtamment à ce
» degré , pendant une demi-heure que M. d'Arcet reſta ſur

» le plateau. Il ajoute de plus, qu'à Barèges, à 2 heures
» après midi, le ciel étant pur & serein par un beau soleil,
» & un temps chaud, le même thermomètre n'est monté
» qu'à 14 $\frac{1}{2}$ deg. »

Cette expérience de M. d'Arcet, qui paroît contredire
tout ce qui a été observé jusqu'à ce jour, sur la température des hautes montagnes, relativement à celle des
plaines, est cependant confirmée par une autre de M.
Guiot, faite au Pic du midi de Barèges, le 9 septembre
suivant. Le thermomètre s'y éleva à 11 heures $\frac{1}{2}$ du matin,
& par un beau soleil, jusqu'à 29 deg. $\frac{1}{2}$ au-dessus de 0,
& à 1 heure $\frac{3}{4}$, à la même place, mais à l'ombre d'un
parasol, à 23 deg. « Le temps, ajoute l'Observateur, étoit
» serein, & le vent nord-est jusqu'à 11 heures $\frac{1}{2}$ du matin,
» qu'il tourna au sud ; il fut violent jusqu'à 1 heure $\frac{3}{4}$, & si
» froid, qu'on fut obligé de se mettre à l'abri d'un rocher. »
Dissert. sur l'état actuel des Pyrénées, 1776, in-8°. pag.
113 & suiv.

Ce froid piquant de l'atmosphère, qu'avoit également
éprouvé M. d'Arcet, paroît d'abord contradictoire avec
la grande chaleur indiquée par le thermomètre ; mais
M. de Villers, habile physicien de Lyon, m'a dit avoir
éprouvé dans certaines gorges des Cévennes, que la
chaleur absorbée pendant les longs jours de l'été par
des rocs nus & pelés, faisoit souvent monter le thermomètre, placé dans leur voisinage, de dix degrés
& plus, au-delà de ce que donnoit le même thermomètre placé à la même hauteur hors de l'émanation de
ces rochers. M. de Luc, dont on connoît l'exactitude, a
pareillement observé (1), que la chaleur réfléchie par les

---

(1) » Cet excès de chaleur que contracte la surface des plaines est
» bien moindre encore, toutes choses d'ailleurs égales, *que celle que*

rocs eſt quelquefois ſi conſidérable , qu'on eſt expoſé à
avoir la peau du viſage brûlée du côté qui reçoit les émanations de cette chaleur précédemment abſorbée par les
rocs. Ces maſſes ſolides & dépourvues d'humidité , con-
ſervent d'autant plus long-temps leur chaleur acquiſe , que
peu de cauſes en été tendent à les en dépouiller.

Il n'eſt donc pas étonnant que la maſſe de chaleur abſorbée dans les longs jours d'été par le rocher de granit
qui , ſuivant M. d'Arcet , termine le pic de Leyrey , ait
fait monter à 23 deg. au-deſſus de zéro , un thermomètre
qui en étoit très-voiſin , & qui dans la plaine n'indiquoit
que 14 deg. ½ au deſſus de o. Une preuve bien évidente de
cette chaleur locale , c'eſt , qu'au pied du rocher où M.
d'Arcet a obſervé , le ſol *étoit couvert d'une mouſſe très-*
épaiſſe , tandis qu'à 50 toiſes plus bas , il y avoit un amas
conſidérable de neige très-ſolide qui avoit trois pieds d'épaiſ-
ſeur. Ibid. pag. 115.

Si l'on veut un terme exact de comparaiſon de la température des plaines à celle des hautes montagnes , en
voici deux fournis par M. de Sauſſure , & qui ne peuvent
être équivoques , cet illuſtre Phyſicien s'étant bien gardé
de faire ſon expérience dans le voiſinage d'un roc échauffé
par le ſoleil.

» *contractent les rochers des montagnes.* Dans les plaines , le terrain
» mobile , continuellement humecté d'eau , & perdant de ſa chaleur
» par l'évaporation , *ne peut jamais s'échauffer autant que des rochers.*
» Je le ſais bien par expérience ; car , avant que ma peau fût endurcie ,
» je l'ai ſouvent perdue d'un côté du viſage , pour avoir marché
» quelque temps le long des rochers où dardoit le ſoleil , tandis que
» le ſoleil lui-même ne me l'enlevoit pas de l'autre côté ; & j'ai fait
» mention dans mon ouvrage ſur l'atmoſphère (*tom. II.*) pag. 102.
» d'une chaleur ſenſible qu'on appercevoit avant le lever du ſoleil , en
» approchant des rochers qu'il avoit échauffés la veille. » *Lettres ſur*
l'Hiſt. de la terre , &c. tom. V , pag. 176.

« Ayant expofé, le 27 juin 1764, un thermomètre de
» mercure à boule nue fur une montagne du Faucigny,
» élevée de 1172 toifes au deffus du niveau de la mer, &
» l'ayant laiffé depuis midi jufqu'à une heure aux rayons
» directs du foleil, par un temps parfaitement clair &
» calme, à la diftance d'environ 5 pieds au deffus *du fol*
» *de la prairie qui forme le fommet de la montagne*, le mer-
» cure ne monta qu'au 10ᵉ degré de la divifion de Réau-
» mur ; tandis qu'à Genève, dans la même faifon & dans
» les mêmes circonftances, il monte au moins au 26ᵉ deg. »
Voyages dans les Alpes, vol. *I*, pag. *394*.

C'eft encore ainfi que le 13 juillet 1778, MM. de
Sauffure & Pictet, étant fur la cîme du *Buet*, l'une des
plus hautes fommités acceffibles du Faucigny, à 1390
toifes au deffus du lac de Genève, & 1578 toifes ½ au
deffus du niveau de la Méditerranéé, ils ont obfervé le
thermomètre à 10 deg. au deffus de zéro ; tandis que dans
le même moment, près de Genève, à 158 pieds au deffus
du lac, un autre thermomètre fe trouvoit à 21 deg. au
deffus de zéro. *Ibid. pag.* 490.

FIN.

TABLE

DES

AUTEURS CITÉS

DANS CET OUVRAGE.

Fautes à corriger.

Pag. 77, lig. 16 de la note, *une eaufe*, lifez *une caufe.*

Page 96, note (1), ligne 1, 170, *lifez* 171.